企业零事故运动系列

行为观察与沟通

陶镕甫　远振胜　编著

煤炭工业出版社

·北　京·

图书在版编目（CIP）数据

行为观察与沟通/陶镕甫，远振胜编著．--北京：煤炭工业出版社，2016

（企业零事故运动系列）

ISBN 978-7-5020-5470-0

Ⅰ.①行…　Ⅱ.①陶…②远…　Ⅲ.①煤矿—矿山安全—基本知识　Ⅳ.①TD7

中国版本图书馆 CIP 数据核字（2016）第 197304 号

行为观察与沟通（企业零事故运动系列）

编　　著　陶镕甫　远振胜
责任编辑　唐小磊
责任校对　姜惠萍
封面设计　盛世华光

出版发行　煤炭工业出版社（北京市朝阳区芍药居 35 号　100029）
电　　话　010-84657898（总编室）
　　　　　　010-64018321（发行部）　010-84657880（读者服务部）
电子信箱　cciph612@126.com
网　　址　www.cciph.com.cn
印　　刷　北京市郑庄宏伟印刷厂
经　　销　全国新华书店

开　　本　710mm×1000mm 1/16　**印张**　9 1/2　**字数**　146 千字
版　　次　2016 年 11 月第 1 版　2016 年 11 月第 1 次印刷
社内编号　8333　**定价**　28.00 元

前言

习近平总书记指出："人命关天，发展决不能以牺牲人的生命为代价。这必须作为一条不可逾越的红线。"坚决守住"安全"这条底线和红线，对于我们每个人来讲，就是要切实将"安全第一、生命至上"的理念内化于心、外化于行，转化为每个员工的自觉行动。

时间过得真快，距离我们的《危险预知活用方法》出版已经有七年的时间了。这几年我们一直在为企业作"零事故运动"方面的现场咨询，与服务的企业共同努力，取得了很好的安全业绩，所服务的企业全部消灭了死亡事故，一般事故下降了70% ~85%。

一路走来，最大的体会是，先进安全的理念只有和生产现场相结合，只有和天天在现场操作的员工相结合，才能展现它的无限魅力。我们所咨询的对象大部分是现场的员工，有很多甚至是农民工。老师讲的课，他们有些听不懂、不会做。遇到这种情况，不能简单地说"员工素质低"，而应该说，是我们开发的课程没有完全适合他们的需要。

本书的读者对象是现场的管理人员和员工。为了便于理解，我们的主旨是少讲理论，多讲实操；力求用图解的形式，把复杂的问题简单化，简单的问题图表化，深入浅出，通俗易懂。我们的初衷是写一本真正让一线员工一看就懂、一用就灵、过目不忘、终身受益而且短时间内能读完的好书。

本书以"以人为本"的理念为主线，结合现场实践案例，自成一体。

世界上将企业的安全管理分成四个阶段：自然本能、严格监督、自主管理、团队管理。现场员工的幸福指数是随着管理阶段的不断提升而持续改变的。现在我国的很多企业还处于严格监督或者是自主管理的初级阶段。我们要实现中国梦，建成小康社会，推进社会主义现代化，为亿万员工造福，就必须紧紧依靠现场员工深入开展"零事故运动"，将企业安全管理水平提升至自主管理乃至团队管理阶段，将企业建设成世界上最安全的生产现场。

著名的经济历史学家汤恩比曾说：“19 世纪是英国人的世纪，20 世纪是美国人的世纪，21 世纪是中国人的世纪。”“零事故运动”在中国方兴未艾，21 世纪的中国一定是世界上最富强的国家之一，也一定是世界上最美丽、最安全的地方。现在正在从事“零事故运动”的人们，应该感谢这个时代，珍惜现在，坚定现在，用务实的行动和扎实的作风为“中国梦”注入正能量，做时代的“筑梦人”，努力实现中华民族的伟大复兴。

由于水平所限，书中若有不妥之处，敬请广大读者和专家给予批评指正。

作　者

2016 年 6 月

壹　行为观察与不安全行为

贰　行为观察内容

叁　行为观察与沟通流程

肆　行为观察结果的分析与改进

伍　高效沟通技巧提升

行为观察与不安全行为

一、行为观察

1. 行为观察基本概念

行为观察也称行为安全观察、作业观察，是指在作业现场观察人员对作业人员的作业行为进行观察，发现作业人员的安全行为及不安全行为，并与被观察者进行沟通交流，以强化安全的作业行为，纠正不安全的作业行为的活动。

行为观察是一种主动辨识不安全行为、预防事故发生的方法，是正在被世界各地、各行各业广泛推广的一种有效的安全管理方法与工具。

（1）行为：关注物的状态很重要，但关注人的行为更重要。关注安全行为和不安全行为，纠正不安全行为与鼓励强化安全行为同样重要。

（2）沟通：观察者与被观察者实现双向交流，请教而非指教。

（3）安全意识：意识决定行为，透过行为看意识，通过沟通纠正干预行为，增强安全意识。

（4）管理办法和工具：不是随意的，是有计划、有监督、有统一工具的系统性方法。行为观察是一种主动辨识并消除不安全行为，预防事故的工作方法。

（5）企业可以通过行为观察改变员工的行为和态度，从而建立起良好的安全文化。

2. 安全检查与行为观察的区别

安全检查与行为观察区别一览表

项　目	安全检查（传统）	行为观察
重点	物的不安全状态	人员的行为
对员工态度	批评、指责	互动、鼓励、表扬
观察者	上级、专家	每个人
时间	定期	定期、随时
观察后行动	记录/跟进	记录/跟进
奖罚	批评、考核、处罚	鼓励、表彰、奖励
作用	负面（惩罚）	正面

3. 行为观察是事故预防的有效工具之一

行为观察是事故预防的有效工具之一。作为安全管理的重要补充，行为观察与安全标准化以及隐患排查、虚惊提案、危险预知、手指口述等活动共同构成事故预防体系，与其他活动相辅相成、相得益彰。

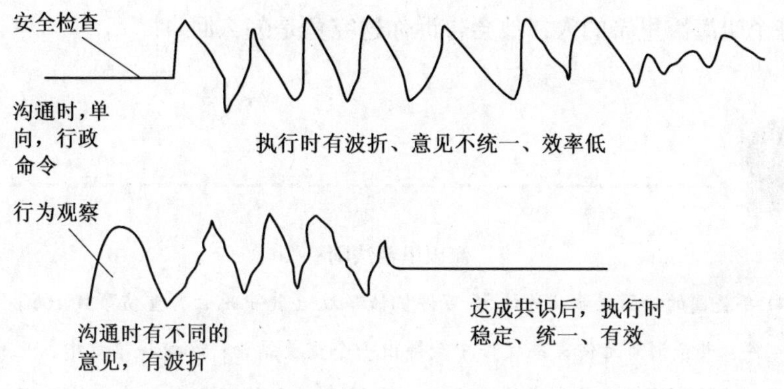

安全检查与行为观察的区别

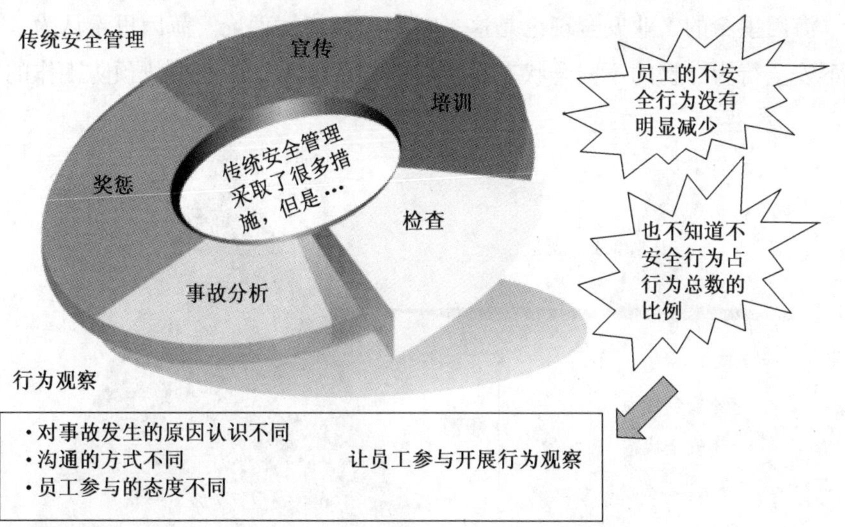

传统安全管理与行为观察的区别

4. 海因里希法则在行为观察中的应用

我们大家日常工作、生活中经常体验到的“咝！(倒吸一口凉气，冒冷汗)”“啊！(吓一跳)”等事情，事后大家往往存在侥幸心理，很少分析总结。结果同样的事情又发生了，这次就没上次那么幸运了，事故发生了，好多人又认为是“天意”。真是自己命不好吗？这两者之间有必然的联系吗？美国有个叫海因里希的人，他会告诉你这究竟是怎么回事。

海因里希法则

1941 年美国的海因里希从统计 55 万件机械事故（其中死亡、重伤事故 1666 件，轻伤 48334 件，其余则为无伤害事故）中，得出一个重要结论：在机械事故中，死亡、重伤、轻伤、虚惊事件（无伤害事故）和不安全因素（人的不安全行为和物的不安全状态）的比例为 1：29：300：1000。国际上把这一法则叫事故法则（海因里希法则）。

海因里希的工业安全理论是这一时期的代表性理论。海因里希认为，人的不安全行为、物的不安全状态是事故的直接原因，企业事故预防工作的中

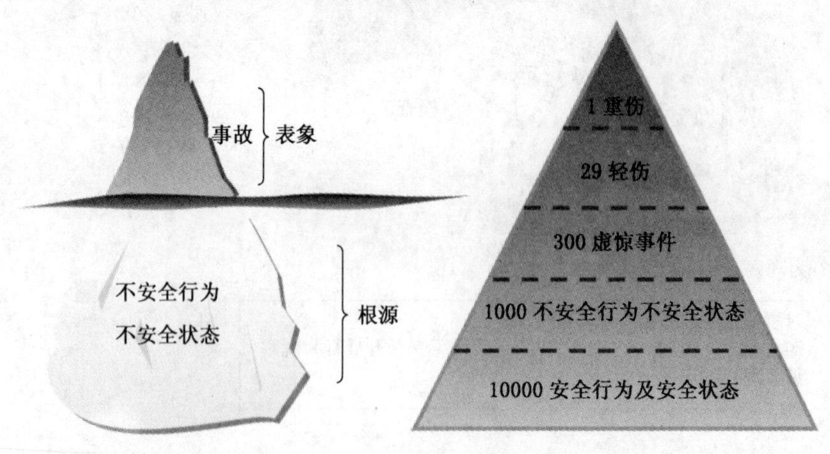

事故的形成过程

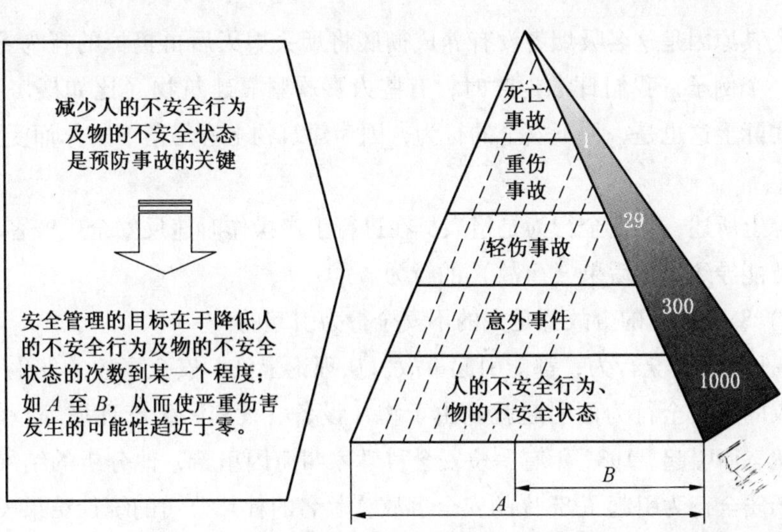

海因里希法则的重要启示

心就是消除人的不安全行为和物的不安全状态。海因里希的研究说明大多数的工业伤害事故都是由于人的不安全行为引起的。即使一些工业伤害事故是由于物的不安全状态引起的，则物的不安全状态的产生也是由于人的缺点、错误造成的。因而，海因里希理论也和事故频发倾向论一样，把工业事故的责任归因于人。从这种认识出发，海因里希进一步追究事故发生的根本原因，认为人的缺点来源于遗传因素和人员成长的社会环境。

5. 85% 以上的事故都是人的不安全行为引起的

1）什么是不安全行为

我们日常生产、生活当中有许多不安全行为，比如，一个人双手抱着一个 60 厘米高的纸盒子，戴着墨镜下楼梯这个动作中就有三个不安全的行为：第一，一个盒子 60 厘米高，可能遮挡他看楼梯的视线；第二，双手抱着东西，没有空出一只手用来扶楼梯扶手；第三，戴着墨镜下楼本身就不安全，看不清楼梯路况。再比如，吸烟是一种很普遍的现象，有的人吸烟过后会随手将烟头扔掉，这是不安全习惯；也有的人找到垃圾箱后会将烟头彻底熄灭后再将烟头扔进垃圾箱，这是安全行为。曾经有过一起火灾事故，死亡 40 多人，事故原因分析结果表明，事故起因于一名吸烟者，他吸烟过后随手将烟头扔到了身旁的易燃物品上面，结果大火一发而不可控，造成了严重后果。究其原因是这名吸烟者没有养成彻底将烟头熄灭后再扔掉的行为习惯。再举一个例子，我们日常走路时，有些人喜欢紧靠建筑物（比如楼房）走路，实际上这也是一种不安全的行为，因为建筑物上容易落下物体而受到伤害。

综上所述，不安全行为是指人员在进行生产操作时违反安全生产客观规律有可能导致不良后果（事故）的行为。

2）85% 以上的事故都是人的不安全行为引起的

7 上述不安全行为，都能引起事故。从理论上说，安全事故的发生不是由于人的不安全行为而引起就是由于物（设备、设施、生产环境等）的不安全状态而引起。1931 年有一位安全科学家叫海因里希，他分析的结果是，人的不安全行为引起了 88% 的安全事故。著名的杜邦公司的统计结果表明，96% 的事故是由人的不安全行为引起的。美国安全理事会 NSC 得到了 90% 的安全事故是由于人的不安全行为引起的结论。我国相关研究结果说，85% 的事故是由人的不安全行为引起。这些数字表明，人的不安全行为是导致事故发生的重要因素，必须纠正。只有安全的行为习惯变成我们的日常习惯，我们才能在生产、生活中享受安全。

3）不安全行为与违章行为的区别

不安全行为指任何可能导致不良后果的人的行为。违章行为指那些违背某个章程、规则、程序或者标准的行为。因为“章”的发展永远落后于现实的变化，许多行为涉及“不安全的后果”，但是它“不违章”。所以，仅仅谈“违章行为”的局限性比较大。海因里希模型谈的是“不安全行为”，而非仅仅“违章行为”。在管理实践中，面对员工沟通和交流的过程中，使用“不安全行为”和使用“违章行为”，在沟通双方的内心当中激起的本能反应有明显的差别。谈“不安全”，关心的是对方的“个人安危”；谈“违章”，暗示的是对方的“严重错误”。

6. 不安全行为形成事故的过程

人的不安全行为、物的不安全状态、管理缺陷以及环境因素在作业者作业过程中相互影响，大部分是随机出现的，具有渐变性、突发性的特点，很难准确判断何时、何地、以何种形式发生。行为观察的作用就是对人的不安全行为采取对策，遏制事故的发生。

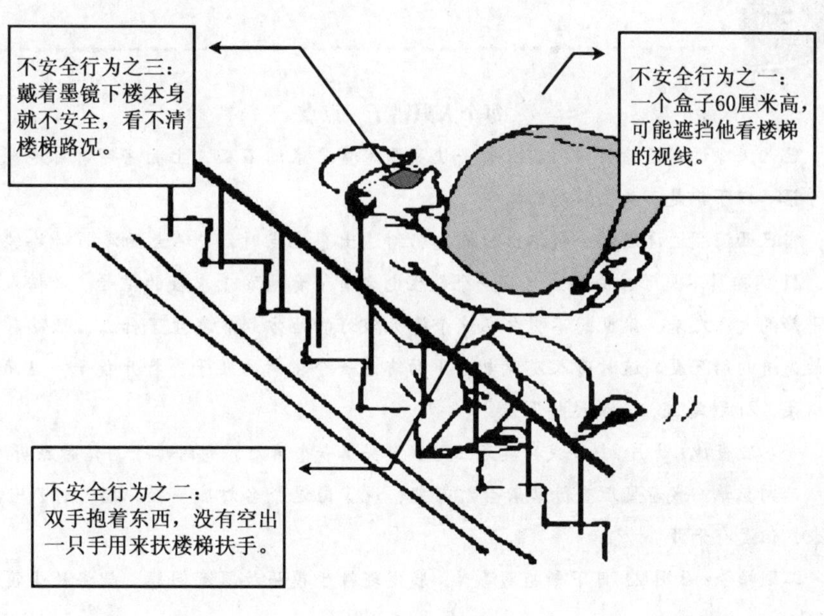

人的不安全行为示例

不安全行为对安全管理的影响

（1）工业事故97.8%发生在生产作业现场。

（2）引起事故的主要因素是人的不安全行为与物的不安全状态。

（3）85%的事故是由于人的不安全行为造成的。

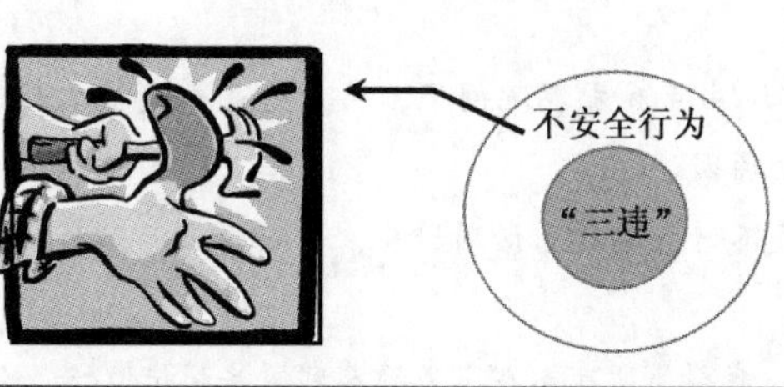

每个人只错了一点点

巴西海顺远洋运输公司门前立着一块高 5 米宽 2 米的石头，上面密密麻麻地刻满葡萄牙语。以下就是石头上所刻的文字。

当巴西海顺远洋运输公司派出的救援船到达出事地点时，“环大西洋”号海轮消失了，21 名船员不见了，海面上只有一个救生电台有节奏地发着求救的信号。救援人员看着平静的大海发呆，谁也想不明白在这个海况极好的地方到底发生了什么，从而导致这条最先进的船沉没。这时有人发现电台下面绑着一个密封的瓶子，打开瓶子，里面有一张纸条，21 种笔迹，上面这样写着：

一水理查德：3 月 21 日我在奥克兰港私自买了一个台灯，想给妻子写信时照明用。

二副瑟曼：我看见理查德拿着台灯回船，说了句这个台灯底座轻，船晃时别让它倒下来，但没有干涉。

二副帕蒂：3 月 21 日下午船离港台，我发现救生筏施放器有问题，就将救生筏绑在架子上。

二水戴维斯：离港检查时，发现水手区的闭门器损坏，用铁丝将门绑牢。

二管轮安特耳：我检查消防设施时，发现水手区的消防栓锈蚀，心想还有几天就到码头，到时候再换。

舰长麦凯姆：起航时，工作繁忙，没有看甲板部和轮机部的安全检查报告。

机匠丹尼尔：3 月 23 日上午理查德和苏勒的房间消防探头连续报警。我和瓦尔特进去后，未发现火苗，判定探头误报警，拆除交给惠特曼，要求换新的。

大管惠特曼：我说正忙着，等一会儿拿给你们。

服务生斯科尼：3 月 23 日 13 点到理查德房间找他，他不在，坐了一会儿，随手开了他的台灯。

机电长科恩：3 月 23 日 14 点我发现跳闸了，因为这是出发前出现过的现象，没多想，就将闸合上，没有查明原因。

三管轮马辛：感到空气不好，先打电话到厨房，证明没有问题后，又让机舱打开通风阀。

管事戴思蒙：14 点半，我召集所有不在岗位的人到厨房帮忙做饭，晚上会餐。

最后是船长麦凯姆写的话：19 点半发现火灾时理查德和苏勒的房间已经烧穿，一切糟糕透了，我们没有办法控制火情，而且火越来越大，直到整条船都是火。我们每个人都只犯了一点错误，却酿成了船毁人亡的大错。

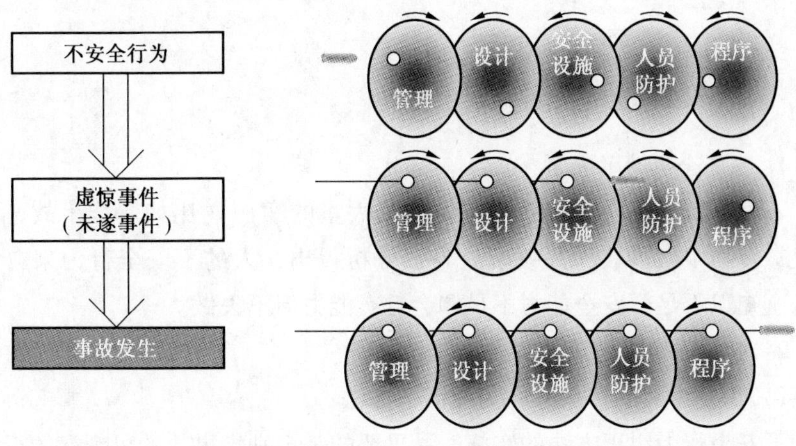

不安全行为形成事故的过程

启示——我们可以假设其中有一个人少犯错就可以避免事故

?如果台灯没有被买回来；如果回船后使用台灯被人制止。

?如果服务生不随手扭开它的开关。

?如果安全巡视亲自走进房间看看。

?如果电工在发现跳闸时检查一下电路，仔细找到跳闸的根源。

?如果机匠上午发现误报警后立刻安装上新的消防探头。

?如果发现气味不对的马辛自己走走；如果厨房人员仔细检查一下。

?如果管事注意督促人们应该时刻坚守岗位。

?如果医生晚上照常巡诊，走上一圈。

?如果出事时电工不私自离岗。

?如果锈蚀的消防栓在出海之前就被更新，可以使用。

?如果闭门器及时修理，可以打开；如果救生筏没被绑住。

?如果船长认真审阅安全检查报告……哪怕只有一个人尽到了责任，那么这场火灾根本不会发生！

所以，我们必须赞同写在纸条上的话："我们每个人都只犯了一点错误，却酿成了船毁人亡的大错。"

二、不安全行为的来源及纠正方法

1. 不安全行为的来源

不安全行为不是凭空就有的。根据大量的案例（比如爆炸事故、沉船事故、食物中毒事故、井喷事故等）分析得出，人的不安全行为来自于人的安全知识不足、安全能力不足和会且有能力但不去做。

2. 不安全行为纠正方法

1）识别事故的可观察行为原因的方法

不安全行为纠正方法的实施，最重要的是识别出事故的可观察的行为原因，再用观察法予以纠正、消除。目前识别事故的可观察行为原因（即不安全行为）的方法大体有三种：一是根据案例识别，二是靠经验识别，三是对照法规及技术标准识别。例如气体爆炸的可观察行为原因有吸烟、带电作业、拆卸设备、金属工具撞击等，这些行为都是可以观察到和可以予以纠正的。对每种类型的事故或生产工艺，识别出 N 种可观察的行为原因后，观察时会发现其中 M 种是安全的，则 $N-M$ 种就是不安全的，此时员工行为的安全性就为 $(M/N)\times 100\%$ 。对每一个员工而言，N 和 M 也可以代表观察到的他的行为总数和安全行为的数量，此时就可以计算他个人的行为安全性大小。这种方法的实施过程可以用二维计算表来完成。

2）行为安全管理 BBS（Behavior－Based Safety Approach）

BBS 是以心理学与行为学为理论基础，主要采用 ABC（行为前因—行为—行为后果）的行为模型，通过改变人的行为而达到安全的目标，进而实现企业事故预防，减少由于人的行为引起的事故发生。

BBS 方法多以 ABC 行为模型为开发原则，但在实际运用过程中，各企业必须结合自己具体的实际情况来设计和实施。

日本对不安全行为的原因做了进一步研究，54% 的不安全行为是由于知识和技能不足所导致的，46% 的不安全行为是属于知道、会做而实际工作中没有执行的（通常我们所说的习惯性违章和人为失误属于这个范畴）。知识和技能不足，可以通过安全知识培训、技能训练和岗位培训等方式解决，但要注意这些知识和技能培训对于纠正习惯性违章和人为失误的效果不明显。习惯性违章和人为失误属于意识层面的问题，需要从人的生理和心理特征出发寻找解决的办法。

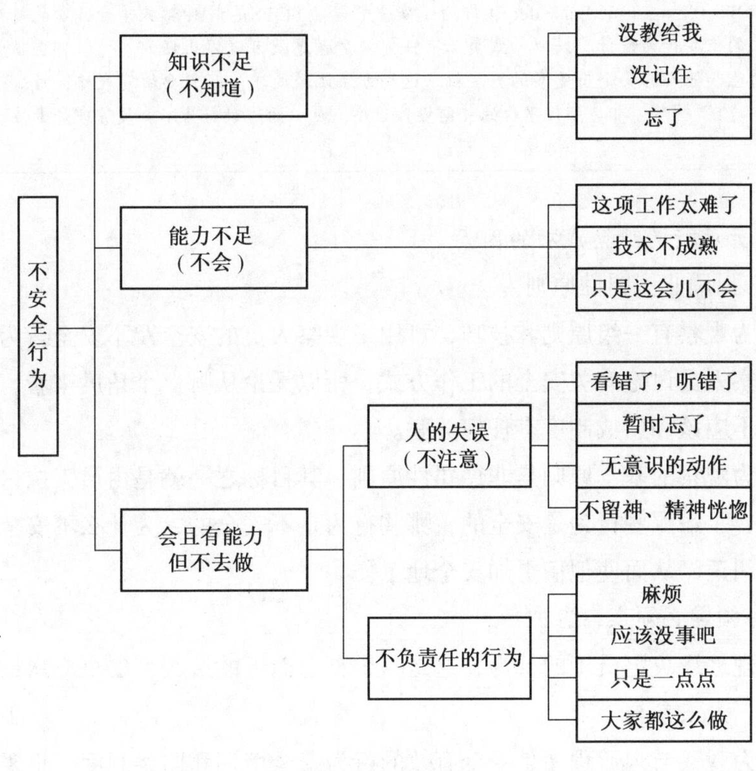

不安全行为来源

行为观察在国际上的成功实践

ASA（Advanced Safety Auditing）即高级安全审核。ASA最早发源于英国煤矿业，为加强一线经理和管理者对员工的安全权利而设计的一种管理干预方法。该方法有三个关键要素：精确的观察、双向有效的沟通、员工个体安全目标设置。由审核员去观察，观察一段时间后，通过运用开放式的提问技术来评审和确认危险源。

STOP（Safety Training Observation Program）即安全训练观察方法。STOP也被称作安全训练观察计划，是杜邦开发的基于观察的行为矫正方案。它包括决定、停止、观察、行动和报告等五个环节，经过培训，观察员对人员的反应、个人防护用品、人员的位置、工具与设备、程序与秩序等五个方面进行观察，根据观察结果，采取相应的行动。

TOFS（Time Out For Safety）即为了安全暂停。TOFS是由BP钻井平台开发的针对一线员工的重要行为设计，鼓励一线员工有任何安全顾虑就可以停止任何工作。旨在赋予员工对自己和他人的安全有更多的自主权。这种方法比较简单，不需要填写表格，员工通过做一个“T”手势，即可暂停平台的任何操作程序，员工的这种行为不会被管理者责怪。

3. 开展行为观察成功的因素

1）强调非惩罚性原则

行为观察有一组原则和技巧，可用来观察人员的安全及不安全行为，并和被观察人员讨论有关安全的工作方式，所以无论从哪一个角度来看，行为观察都不应该和惩戒制度有任何关联。

行为观察的基本原则是非惩罚性原则，其目标之一就是由员工探讨自己的行为，了解哪些行为是安全的，哪些行为是不安全的，为什么不安全的行为需要纠正，从而使他们更加安全地工作。

2）领导必须亲自参加

管理最终决定员工的行为，这是一个自上而下的过程，安全应从最高领导开始，人人参与。

行为观察与沟通程序是一个有效的行为安全培训和监察制度，想要发挥好它的功能，企业高层管理者必须给予充分的支持，亲自参与。只有高层管理者切实意识到了安全管理的责任，坚定重视安全的决心，才可能以身作则，积极发现、纠正哪怕是很小的不安全行为，持之以恒，从而形成良好的安全氛围，提高全员的安全意识，迅速提升企业的安全绩效。

3）需要设立安全目标

行为观察与沟通的目标是目标管理在安全管理方面的应用，它是指企业内部各个部门乃至每个职工，从上到下围绕企业安全生产的总目标，层层展开各自的目标，确定行动方针，安排行为观察与沟通进度，制定实施有效组织措施，并对行为观察与沟通进行评价的一种管理制度。主要目标有：降低事故率，强调安全行为，减少事故隐患，降低事故和伤害产生的成本，提升全员安全意识，增强员工沟通技巧等。

4）培训

行为观察与沟通有别于传统的安全检查，参与行为观察的所有人员必须要接受系统的培训并经过反复实践才能做好这项工作。企业要对班组长以上管理人员进行“拉网式”培训，组织安全观察与沟通讲座，加强对活动的目的、方法、内容、要点、流程及技巧的了解，强化员工意识。同时，通过发放宣传单，建立网络专栏等形式，让全员共同参与，营造良好氛围。

5）沟通

沟通是万事的开始，是成功的钥匙，沟通是一个管理者最重要的管理技能之一，管理者要履行好安全职责，就必须掌握良好的沟通技巧。

行为观察与沟通关键是在沟通，通过沟通强化员工安全行为，使员工认识到不安全行为的后果，并予以改进。

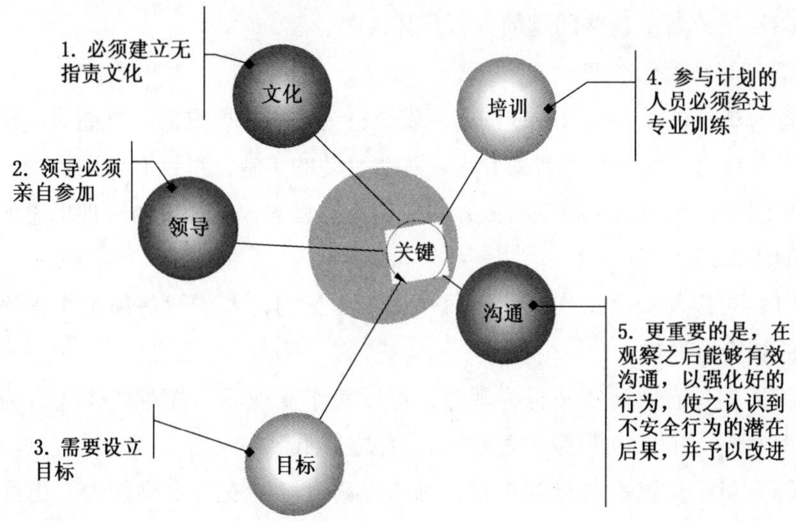

开展行为观察成功的因素

4. 行为观察的过程

行为安全管理的核心是针对不安全行为进行现场观察、分析与沟通，以纠正或干预的方式，使员工认识到不安全行为的危害，阻止并消除不安全行为。这个过程就是不安全行为的现场纠正过程。该过程包括：观察（观察员工的行为）、分析（分析有哪些不安全行为）、沟通（对观察的行为进行表扬与纠正，与员工展开有关安全的讨论）、消除（采取措施消除不安全行为）。

5. 行为观察要解决的问题

（1）落实有感领导，展现领导承诺，关注安全工作。

（2）提供沟通平台，双向平等探讨，营造安全文化氛围。

（3）激励员工。

（4）及时发现不安全行为，避免伤害与财产损失。

（5）了解安全生产标准化的理解和应用的程度。

（6）了解对零事故运动四项活动（虚惊提案、危险预知、手指口述、行为观察）的理解和应用程度。

（7）识别体系中的薄弱环节。

（8）了解解决这些问题的方案及其状态。

6. 行为观察的作用

行为观察可以有效减少或削弱不安全行为。一个严重的、可能造成伤害的不安全行为，通过观察者的介入，观察行动的实施，得到有效的控制、削弱甚至消除，从而达到控制事故，减少伤害的目的，这是预防管理思想的最直接的体现。

（1）可以使安全工作细化到每一个工作行为，并了解每项工作程序是否真的被安全地执行。

（2）通过有效地实施行为观察，可以使作业现场不规范的作业行为数量大大下降，并因此使事故发生的机会随之降低。

（3）员工通过参与行为观察，可以提高自己的安全观察能力，更好地理解什么是需要坚守的安全行为，什么行为是不规范的行为。员工的安全意识得到持续提升。

（4）可以通过对观察结果的统计分析，比较准确地掌握公司目前的安

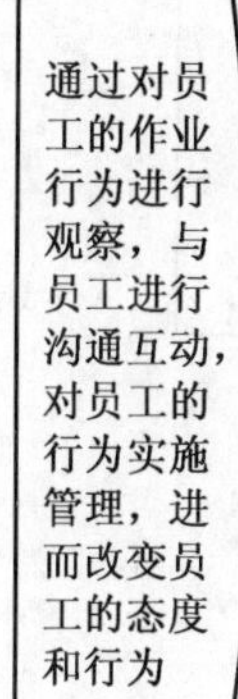

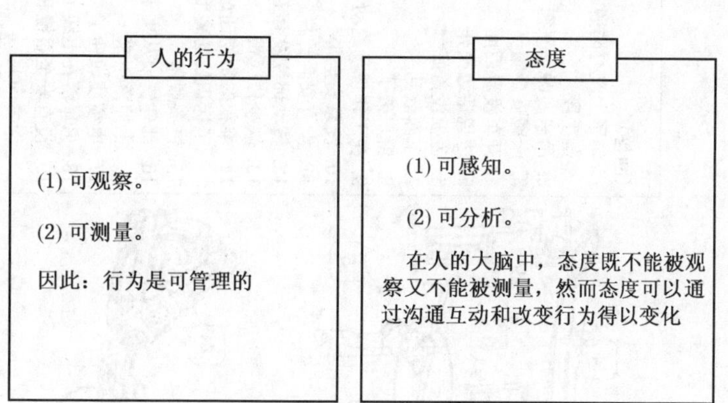

行为观察可以改变员工的态度和行为

全生产状况，了解哪些方面存在欠缺，为持续改进提供依据。

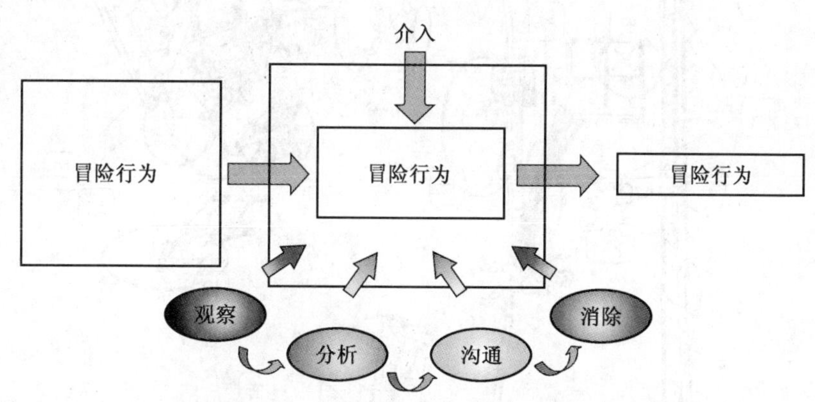

行为观察的作用

7. 练习——找出图中人的不安全行为及物的不安全状态

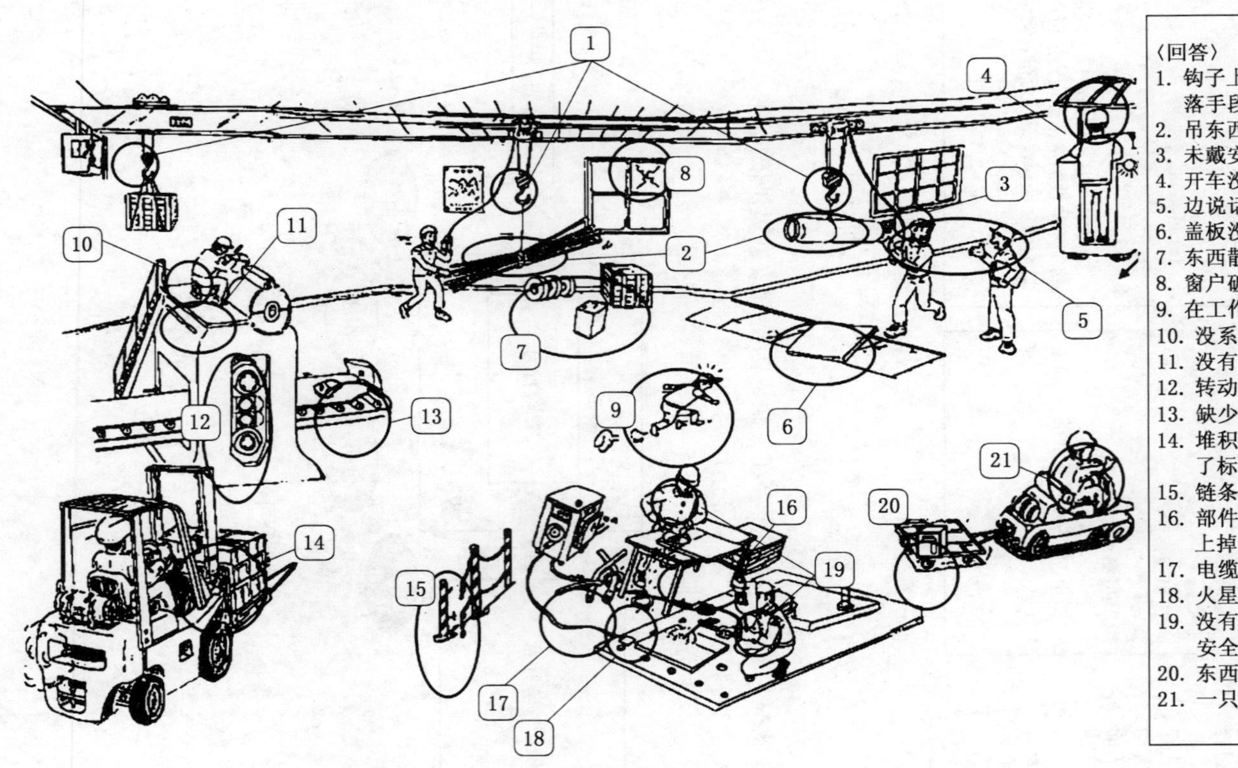

观察练习

〈回答〉

1. 钩子上没有防脱落手段
2. 吊东西时不平衡
3. 未戴安全帽
4. 开车没看后面
5. 边说话边操作
6. 盖板没盖好
7. 东西散乱
8. 窗户破了
9. 在工作现场跑动
10. 没系安全带
11. 没有安全护栏
12. 转动部位没有盖
13. 缺少传送带
14. 堆积的货物超过了标识线的高度
15. 链条脱落
16. 部件快要从桌子上掉落下来
17. 电缆线缠住了
18. 火星落在电线上
19. 没有安全眼镜和安全面具
20. 东西未加固定
21. 一只手开车

行为观察内容

一、行为观察内容概述

行为观察重点关注引发伤害的行为，应综合参考以往的事故调查、虚惊事件（未遂事件）调查及安全观察的结果。行为观察的内容包括以下七个方面。

（1）员工的反应。观察员工在看到他们所在区域有观察者时，是否改变自己的行为（从不安全到安全）。员工在被观察时，有时会做出反应，如改变身体姿势、调整个人防护用品穿戴、改用正确的工具、抓住扶手、系上安全带等。这些反应通常表明员工知道正确的作业方法，只是由于某种原因没有采用。

（2）员工的位置。员工的位置包括两个方面：一是员工所在的位置是否处于危险之中，是否有利于减少伤害发生的概率；二是是否符合人体工效学原则，作业环境是否适合或满足员工工作需求。

（3）个人防护用品。个人防护用品主要包括三个方面：一是员工使用的个人防护用品是否合适；二是是否正确使用；三是个人防护用品是否处于良好状态。

（4）工具和设备。工具和设备包括三个方面：一是员工使用的工具是否合适；二是工具是否处于完好状态，非标准工具使用是否获得批准；三是员工是否正确使用。

（5）程序。程序包括两个方面：一是现场是否有管理规范（标准）；二是员工是否理解并遵守操作程序。

（6）人体工效学。人体工效学是指研究人和机器、环境的相互作用及其结合，使设计的机器和环境系统适合人的生理、心理等特点，达到在生产中提高效率，安全、健康和舒适的目的。

（7）整洁。作业场所是否整洁有序。

人的不安全行为造成重伤、轻伤的比例一览表

与不安全行为有关的因素	伤害比例/%
个人防护用品使用不当	12
人员的位置不当	30
人员的反应不当	14
工具和设备使用不当	28
操作程序或标准作业缺失	12
合　计	96

行为观察表

员工的反应	员工的位置	个人防护用品	工具和设备	程序	人体工效学	整洁
□ 调整个人防护用品 □ 改变原来的位置 □ 重新安排工作 □ 停止工作 □ 接上地线 □ 上锁挂牌 □ 其他	□ 被撞击 □ 被夹住 □ 高处坠落 □ 绊倒或滑倒 □ 接触极端温度的物体 □ 触电 □ 接触、吸入或吞食有害物质 □ 不合理的姿势 □ 接触转动设备 □ 搬运负荷过重 □ 接触振动设备 □ 其他	□ 眼睛和脸部 □ 耳部 □ 头部 □ 手和手臂 □ 脚和腿部 □ 呼吸系统 □ 躯干 □ 其他	□ 不适合该作业 □ 未正确使用 □ 工具和设备本身不安全 □ 其他	□ 没有建立 □ 不适用 □ 不可获取 □ 员工不知道或不理解 □ 没有遵照执行 □ 其他	□ 是否符合人体工效学原则 □ 重复的动作 □ 躯体位置 □ 姿势 □ 工作场所 □ 工作区域设计 □ 工具和把手 □ 照明 □ 噪声 □ 其他	□ 作业区域是否整洁有序 □ 工作场所是否井然有序 □ 材料及工具的摆放是否适当 □ 其他

观察记录			可能造成的伤害（轻伤/重伤/死亡）、其他事故
观察区域	不安全行为或者状况的描述	不安全行为的类别	
示例：办公室	双脚离地坐在椅子上	员工位置	轻伤
示例：维护车间	员工在未佩戴防护面罩的情况下执行打磨操作	个人防护用品	重伤
示例：生产装置	员工在转动设备没有切断电源的情况下，打开设备防护罩，维修设备	程序	死亡

二、员工的反应

员工在看到他们所在区域有观察者时，可能立刻改变自己的行为，从不安全状态到安全状态。这些反应通常表明员工知道正确的作业方法，只是由于某种原因没有采用。

或许他们认为安全作业行为是制度规定的，是被动性的，安全与不安全的行为对于他们来说并没有任何区别。在这种思想的指引下，他们也许会认为不安全行为是一种需要隐藏的行为，而不是会造成自身和他人伤害的行为。

1. 关于消失的行为（蒸发的行为）

为什么将员工的反应放在行为观察的第一项呢？因为有时由于观察者的出现，有些员工会做出反应，即刻停下他们的不安全行为。通常这些反应是在看到观察者进入作业区内的 10 ~ 30 秒之间出现的，在这段时间内某些不安全行为会完全地“消失（蒸发）”。

这就是“消失的行为（蒸发的行为）”，即立刻消失不见的不安全行为，包括戴上或调整个人防护用品、改变身体的姿势或自身的位置、重新安排工作、接上地线、上锁挂牌，甚至完全停止手上的工作等。观察者必须对这些反应有所警觉，因为这些可能是发现不安全行为的线索。

2. 找寻原因及防止再次发生

当观察者观察到一个反应时必须探讨三件事情。第一，是否该员工尝试改正其不安全行为？第二，如果有不安全行为出现，到底是哪些行为？第三，这些行为产生的原因是什么？

防止人员不安全行为再次出现的最有效的方法，是纠正或消除造成不安全行为的间接原因。下面列出一些造成不安全行为的间接原因：

（1）知识或训练不足。

（2）侥幸心理，认为事故“不会在我身上发生”或“这次不会发生”。

（3）习惯性，以前几乎都是这样完成的。

（4）没有正确地使用个人防护用品。

（5）因为过去没有被纠正，认为这种作业行为是可以接受的。

（6）想要引起他人的注意或成为团体中的一员。

（7）要展现个人的独特性。

（8）认为作业现场的舒适、生产比安全更重要。

（9）工作或非工作时的情况影响到士气。

观察者或许想到造成不安全行为的其他间接原因，这些间接原因并非借口，它们能帮助观察者了解不安全行为产生的原因，观察者专注间接原因的目的是防止不安全行为再次发生，以消除伤害。

三、员工的位置

员工的位置有多重要呢？由其导致的后果在不安全行为产生的危害后果中所占的比例就可以看出。依据杜邦公司的研究，大约 30% 的伤害与员工的位置有关。因此，员工的位置也是安全相关的重要因素之一。

1. 观察员工的位置

当观察者观察员工位置时，是否考虑到所观察员工的位置是否安全？是否有人处于危险位置呢？观察重点是列在安全观察检查表中的伤害原因，它可以帮助你发现一些你原先并未预想到的问题。

2. 调查伤害的原因

观察作业者是否进行举、拉、推、伸的作业，是否需要登高作业，是否需要处理危险物质。观察者的责任是找出这些危害并帮助其他人识别它们。

员工的位置安全观察检查表

序号	伤害类型	员工的位置(伤害原因)
1	高处坠落	高处或临边作业
2	机械伤害	接触运转的部件
3	起重伤害	在起吊物下停留
4	车辆伤害	被装运物品的叉车撞上
5	触电	身体某部位接触电流
6	其他伤害	绊倒或滑倒
7	触电及中毒窒息	受限空间作业
8	物体打击或中毒窒息	警戒区内作业
9	中毒	接触有毒有害物质
10	其他伤害	不合理的姿势
11	其他伤害	徒手搬运负荷过重
12	灼烫	身体某部位接触极端温度物体
13	职业性耳聋等	噪声

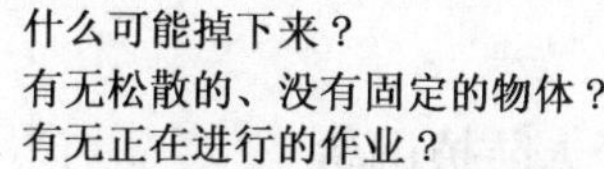

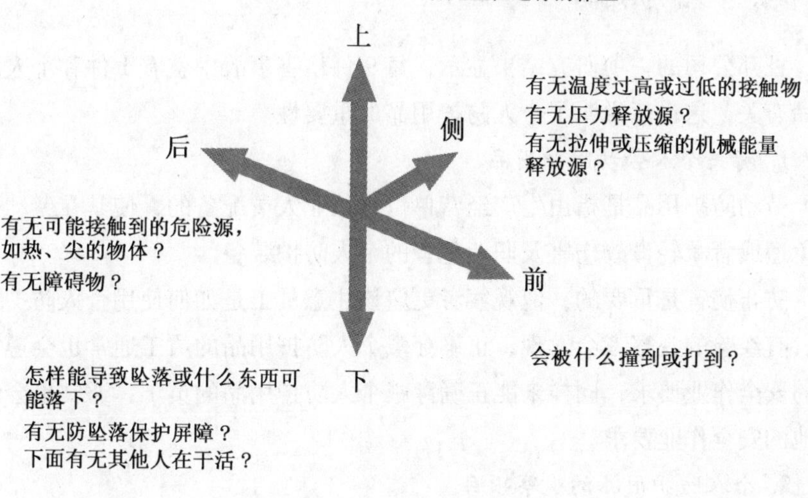

观察员工的位置注意要点

四、个人防护用品

杜邦公司的一项研究结果显示，每9件伤害事故中就有1件和个人防护用品有关，这也就说明了个人防护用品的重要性。

1. 有关个人劳动防护用品

劳动防护用品是指由生产经营单位为从业人员配备的，使其在劳动过程中免遭或者减轻事故伤害及职业危害的个人防护装备。

防止伤害是重要的，但观察者更应该注意员工是如何使用个人防护用品的。有经验的观察者会发现，正确穿戴个人防护用品的员工通常也会遵守其他的安全作业要求；同样未能正确穿戴个人防护用品的员工，通常也会忽视其他的安全作业要求。

2. 个人防护用品的观察项目

当观察者观察员工使用个人防护用品时，需养成一个习惯，从头开始观察，然后由上而下到脚部，要确认身体的每一部分均受到保护。

个人防护用品的观察项目一览表

序号	护具名称	个人防护用品
1	头部护具	安全帽、防尘帽及防冲击面罩
2	眼睛及面部护具	焊接用眼防护具、炉窑用眼护具、防冲击眼护具、微波防护具、激光防护镜以及防X射线、防化学、防尘等眼护具
3	耳部护具	耳塞、耳罩和帽盔3类
4	呼吸护具	各类呼吸器
5	手及手臂护具	耐酸碱手套、电工绝缘手套、电焊手套、防X射线手套、石棉手套、丁腈手套等
6	防护服（躯干）	防护服分为特殊防护服和一般作业服两类
7	脚和腿部护具	安全鞋或靴
8	防坠落护具	安全带、安全绳和安全网

五、工具与设备

为什么要观察员工是否安全地使用工具和设备？由统计数字可知，由于使用工具和设备不当产生的危害占所有伤害的28%。因此，无论使用什么样的工具和设备，员工都要遵循安全的作业行为，以防止伤害的发生。

1. 工具和设备的观察

工具和设备并非“消失的行为”，换句话说，观察者有10～30秒以上的时间观察员工。所以观察者可以在完成员工的反应、员工的位置、个人劳保用品的观察后，再观察员工使用工具和设备的行为。

2. 工具和设备观察项目

工具和设备观察项目一览表

序　号	工　具　和　设　备
1	使用不适合的工具和设备
2	工具和设备使用的方法不正确
3	工具和设备本身有缺陷
4	用手代替工具
5	其他（如防护、保险、信号缺乏或有缺陷等）

3. 如何造成工具和设备的安全与不安全状态

现场的每一位员工都有责任创造工具和设备的安全状态与纠正或者改善工具和设备的不安全状态。从一定意义上讲，工具和设备的不安全状态几乎都是人的不安全行为的结果；同时，工具和设备的安全状态是人的安全行为的结果。

由于员工的行为造成工具和设备的安全状态或不安全状态，称为“员工造成的状态”，观察者要鼓励员工创造工具和设备的安全状态，同时避免工具和设备的不安全状态。

4. 观察者与被观察者正面交谈示例

(1) 你发现哪些工具和设备不易于使用，或使用起来具有危险性？为什么？

(2) 这种工具和设备的使用频次有多高？

(3) 这种工具和设备是否适合这项工作？你的使用方法是否正确？

(4) 你使用这种设备前是否会检查它？它是否处于良好状态？

(5) 这项工作使用什么工具最安全？现场是否提供有这种工具？

(6) 这种设备里面是否有什么东西可能会突然伤害到你或他人？

(7) 你是否会听出异常声音？是否会闻出异味？

(8) 对于使用的工具和设备你是否接受过相应的安全培训？培训的方式有哪些？你还需要哪些方面的培训？

(9) 你的主管经常关注哪方面的安全问题？

(10) 你认为哪些区域、工作、行为或哪种设备、工具需要留意安全问题？

现场常见工具和设备的不安全状态

5. 使用不适合工具和设备

（1）使用的工具、设备不符合法规标准或相关要求。

（2）工具设备是良好的，但是不符合特定作业的安全要求。

砂轮爆裂　伤及左眼

2012 年 3 月 14 日，四川省某冲压厂在生产过程中，一名工人在使用手持气动砂轮机时，砂轮突然发生爆裂，造成左眼伤害。

3 月 14 日 9 时 20 分许，四川省某冲压厂在生产过程中，该厂工模科钳工组模具修理钳工王某，准备用手持角式气动砂轮机修理模具时，发现砂轮磨损严重，王某叫徒弟去支领新砂轮。徒弟领了新砂轮，王某发现尺寸有问题，但觉得问题不大就开始作业。不料砂轮突然发生爆裂，碎片将王某佩戴的防护镜打碎，伤及左眼。事故发生后，现场人员急忙将王某送往医院抢救，经抢救脱险。

砂轮爆裂　伤及左眼

6. 工具和设备使用的方法不正确

工具设备本身是良好的，符合安全要求，只是使用方法、方式不正确。

叉车状态良好　使用方法不正确造成工亡事故

叉车驾驶员叉起堆有货物的托盘欲行驶时，因货物较重，车体后部翘起。为了保持平衡，让附近的一名作业人员过来站在车体后部。行驶了一会儿后停下来升起货物时，叉车后部突然翘起，造成该员工摔落。货物从失去平衡的叉车上落下，恢复平衡的叉车左后轮从该员工胸膛上碾压而过，导致其死亡。

7. 工具和设备本身有缺陷

工具和设备本身有缺陷是说工具和设备有欠缺或有不完备的地方。工具和设备缺陷主要包括设计不当、结构不符合安全要求和强度不够两方面。

工具设备缺陷一览表

序号	不安全状态	序号	不安全状态
(1)	设计不当、结构不符合安全要求	⑦	其他
①	通道门遮挡视线	(2)	强度不够
②	制动装置有缺陷	①	机械强度不够
③	安全间距不等	②	绝缘强度不够
④	拦车网有缺欠	③	起吊物的绳索不符合安全要求
⑤	工件有锋利毛刺、毛边	④	其他
⑥	设施有锋利倒棱		

离心机强度不够　解体伤人大事故

化工分厂磺酸车间产品为对甲苯磺酸。工艺上布设离心工段，共四台离心机，离心机的作用为磺酸脱酸。

操作工陈某、徐某一组投料四次，出成品约400千克，未发生异常现象。在第五次投料完毕后，离心机突然解体，外套和机座、机脚向西南方向飞出，离心机内衬向东北方向飞出，将当班正在操作的陈某、徐某二人均砸伤，并把距离离心机4米远的吸收工砸伤，后3人经医院抢救无效死亡。

根据对事故的调查分析和专家组的“技术鉴定报告”，调查组认为造成这起事故的原因是由于设备老化，腐蚀严重且设备的完好性尤其是安全性（安全系数）几乎没有，不能承受离心机工作时突然增大的离心力，因而最终解体造成3人死亡。

8. 用手代替工具

在生产过程中，一些作业步骤是禁止用手代替工具操作的。因此，作业人员应使用工具，避免使用工具不当或用手代替工具操作而带来的严重后果。

用手代替工具的表现形式：

（1）用手清除铁屑。

（2）不用夹具固定，用手工进行机械加工。

用手代替工具拨钢丝绳四指被夹骨折

某公司燃料分厂机修工卜某、王某为煤场吊车更换升降钢丝绳。两人装好钢丝绳后，接着调节滚筒钢丝绳排列和平衡杆。试车时卜某指挥吊车司机用点动升降起落的操作来调整钢丝绳排列位置。吊车司机黄某在操作点动升降过程中，王某见钢丝跑偏了一点，突然下意识地用手（应使用工具）去拨钢丝绳调位。滚动中四个手指一下子被钢丝绳夹在滚筒上，造成四指多处骨折。

9. 其他（如防护、保险、信号缺乏或有缺陷等）

防护、保险、信号缺乏或有缺陷主要是指无防护和防护不当等。

工具和设备无防护和防护不当不安全状态表

序号	不安全状态	序号	不安全状态
(1)	无防护	⑩	其他
①	无防护罩	(2)	防护不当
②	无保险装置	①	防护罩未在适当位置
③	无安全标志	②	防护装置调整不当
④	无护栏或护栏损坏	③	坑道掘进、隧道开凿支撑不当
⑤	（电气）未接地	④	防爆装置不当
⑥	绝缘不良	⑤	采伐、集采作业安全距离不等
⑦	隔离无消声系统，噪声大	⑥	爆破作业隐蔽所有缺陷
⑧	危房内作业	⑦	电气装置带电部分裸露
⑨	未安装“跑车”的挡车器或挡车栏	⑧	其他

烘干机未上防护罩　旋转的联轴节把人“咬”

2010年10月13日，某纺织厂职工朱某与同事一起操作滚筒烘干机进行烘干作业。5时40分朱某在向烘干机放料时，被旋转的联轴节挂住裤脚口，导致其摔倒在地。旁边的同事听到呼救声后，马上关闭电源，使设备停转，才使朱某脱险。但朱某腿部已严重擦伤。引起该事故的主要原因就是烘干机马达和传动装置的防护罩在上一班检修作业后没有及时罩上。

六、操作程序

观察者到现场实施观察，会发现在所观察的属地内有许多规章制度、操作规程等工作程序或指南。遵循这些程序，员工可以以最安全、最有效的方法完成工作。

1. 程序与安全

从安全的角度来看，遵循程序是重要的。对操作程序或标准作业这个观察项目来讲观察者要特别关注如下四个问题：

（1）没有建立程序和规程。没有建立程序和规程是指在存在风险的作业过程中无规程、规定、方案等。

（2）程序规程不适用：① 设备技术改造后，没有将原来的程序及时变更。② 程序本身存在安全漏洞，作业人员按原计划作业时可能造成意外伤害。

（3）程序和规则员工不知道或不理解。程序和规则员工不知道或不理解主要是指有程序，但作业人员不知道或不理解与作业活动相关的程序内容。

（4）程序或规程未被执行。程序或规程未被执行是指作业人员了解并知道程序内容，但在作业过程中未遵守。

2. 完成观察报告

行为观察报告中的操作程序或标准作业应至少包括如下内容：

（1）有哪些需要遵守的工作程序（操作规程、作业要领书、标准作业等），这些程序有没有进行定期讨论与更新。

（2）员工是否发现一些程序难以遵守或执行，为什么。

（3）因为不适合的程序可能会造成什么样的人的不安全行为。

（4）观察者认为哪些人的不安全行为是由程序上的问题引起的。

（5）被观察者会采取怎样的纠正措施修改或完善程序或规程。

（6）在作业现场，员工是否知道或了解工作程序。

（7）在作业现场，员工对作业程序的遵守情况如何。如果员工没有遵守工作程序，可能遭受的最严重的伤害是什么。

(8) 鼓励员工遵守工作程序的有效技巧是什么。

(9) 观察者可以使用哪些技巧来确认作业程序是否适合并且被员工知道、了解并遵守。

3. 没有建立程序和规程

没有建立程序和规程是指在存在风险的作业过程中无规程、规定、方案等。在企业现场咨询的过程中，没有建立程序和规程的情况大部分都发生在异常处置的情况下。

异常处置也称异常管理，是指为使进行结果能保持在稳定的状态中，于实际管理过程中，对所发生、发现的各种异常进行分析、对策处置的整个过程。处理方法可分为应急措施和再发防止两大部分。

应急措施：发现异常时，迅速除去现象，使其恢复原状。消除异常现象，紧急应变、调整，为临时性、治标的措施。

再发防止：采取应急措施恢复原状后，为使今后长期不再出现同样问题所采取的改善措施。编写异常处置要领书，消除异常真因，使其不重复发生，治本。

异常处置的种类包括：处理机械设备动作不良的作业，解决材料、工件等卡住的作业，修理质量不良、组装不良部件的作业，处理由作业延时等引起的常规作业以外的作业等。

某公司变速箱有限公司异常处置

2010年3月5日13时左右，轴二作业部齿二班一台内孔磨床设备出现异常，不能正常工作，操作工刘某停止设备后，将情况报告班长吴某。班长让其填维修工票送到设备维修班，并将设备调到调整状态，准备检查。刘某送维修工票返回设备后重新启动设备想简单处理故障。此时班长吴某正在设备背后检查皮带。电机突然转动，将其右手轧伤。

4. 程序规程不适用

（1）设备技术改造后，没有将原来的程序及时变更。

（2）程序本身存在安全漏洞，作业人员按原计划作业时可能造成意外伤害。

操作者按操作规程操作　推杆移动压到手

一条包装生产线，因纸板箱卡入气动推杆被堵塞。按作业规定，在清理堵塞之前要先将气动阀及电源关闭并上锁。操作者认真地遵循这个程序，但当操作者移除卡在生产线上的纸箱板时，推杆因移动而压住操作者的手。

注：这个伤害是可以通过打开排气阀，排除生产线上残余的空气压力而避免的。

5. 程序和规则员工不知道或不理解

程序和规则员工不知道或不理解主要是指有程序但作业人员不知道或不理解与作业活动相关的程序内容。

新员工不知道污水池清理操作规程　下池清理昏倒

在一个化工企业的污水处理厂，三名新员工被指派清理污水池。但他们并未在该区主管那里办理作业许可证。三位员工也没有确定池内空气质量是否已经测定，而且他们没有佩戴呼吸护具。其中二人进入污水池时，就立即昏倒。

第三名员工看见第一个员工倒下，他抓起一个滤毒式罐式呼吸防护具就进入池内，上面标有“不可在缺氧处使用”，但这位员工并未阅读标识，结果他也昏倒了。

6. 程序或规程未被执行

程序或规程未被执行是指作业人员了解并知道程序内容，但在作业过程中未遵守。

员工郭某违章擦拭钢板杂物时将手臂卷入

事故经过：

2004年5月4日18时30分左右，某公司车间实习生郭某在设备开机调试、慢速运行过程中，发现钢板上有杂质违章擦拭，结果不慎将右手臂卷入设备内部，右臂被挤断。现场人员迅速将其送往医院抢救，5月5日8时10分抢救无效死亡。

事故原因：

郭某在未停机情况下违章擦拭，是事故发生的直接原因。

事故责任：

（1）郭某违章导致事故发生，对事故的发生负主要责任。

（2）事业部班组长、安全员、分厂负责人对现场违章未能及时检查并制止，负管理责任。

七、人体工效学

1. 人体工效学概述

人体工效学是根据人的心理、生理和身体结构等因素，研究人、机械、环境相互间的合理关系，以保证人们安全、健康、舒适地工作，并取得满意的工作效果的机械工程分支学科。人体工效学的别名很多，比如：人体工程学、人因工程学、人机工程学等。

2. 人体工效学主要内容

由于人体工效学涉及人的工作和生活，因此内容非常多，概括起来，主要包括三个方面：

（1）人体能力。这主要包括人的基本尺寸、人的作业能力、各种器官功能的限度及影响的因素等。对人的能力有了了解，才可能在系统的设计中考虑这些因素，使人所承受的负荷在可接受的范围之内。

（2）人－机交往。“机”在这里不仅仅代表机器，而是代表人所在的物理系统，包括各种机器、计算机、办公室、各种自动化系统等。人体工效学的座右铭是：使机器适用人。

（3）环境对人的影响。人所在的物理环境对人的工作和生活有非常大的影响，因此，环境对人的影响是人体工效学的一个重点内容。这方面的内容包括：照明、噪声、温度、颜色对人的工作效率的影响，以及对人的危害及其防治办法。

3. 观察人体工效学危害因素与观察其他伤害因素的区别

虽然观察人体工效学危害因素的方法与观察其他伤害因素的方法相同，但它们之间还存在一定的差异。许多典型的伤害会存在明显的因果关系，如物体打击或触电，这些通常会造成急性伤害或严重的伤害。人体工效学危害因素通常会造成累积性的伤害或重复性伤害。累积性伤害会因长时间在体内累积而存在，并会造成实际的职业病和伤害，但其因果关系并不如其他伤害来得明显。

4. 行为观察关注人体工效学的重点内容

行为观察关注人体工效学的重点内容一览表

序号	人 体 工 效 学	序号	人 体 工 效 学
1	是否符合人体工程学原则，如尺寸、高度、角度	6	姿势，主要是指不良位置的固定姿势
2	重复的动作指手部、四肢、头部等重复动作	7	工作场所，如温度、湿度、色彩等
3	躯干位置指身体各部位所处的位置	8	照明，指照明和光线是否合理
4	工作区域设计，如安全距离、通风、通道等	9	噪声，指噪声对人的影响
5	工具和把手是否适合使用者	10	其他，如工作时间、倒班时间、自然气候等

5. 工作基本尺寸要求

在日常工作和生活中，员工每天会接触许多东西，如椅子、桌子、各种机器、仪器、工具、计算机等。在使用这些东西的时候发现，这些东西的尺寸，如大小、形状等对其适用性有非常大的影响。它们不仅影响工作的舒适性，也常常影响工作效率、工作态度，甚至影响到人的安全和健康。

这些基本尺寸应该与人体相适应，如：站立的工作高度、坐姿的工作高度、伸手能达到的高度、伸手能达到的范围、人体活动空间等。

例如，某机械厂有一台冲床（冲压汽车覆盖件），操作者坐着操作太高了，站着操作太低了，而且左右开弓像跳舞一样。每天以不自然的姿势工作8小时，进行1000次同样的操作，操作者的疲劳强度可想而知。这是机床设计没有考虑人的尺寸的一个典型的例子。

6. 观察者安全观察报告内容

（1）在你观察的范围内，可能有哪些累积性伤害，它们产生的原因是什么？

（2）有哪些岗位、设备、工具、场所的尺寸和结构可能不符合人体工效学？

（3）生产现场各岗位的光线和照明充足、合理吗？有无改进空间？

（4）生产现场存在哪些噪声，是怎样产生的？对员工的影响程度如何？

（5）生产现场存在可能产生振动的设备设施吗？如何减轻振动对员工的影响？

（6）生产现场存在哪些影响温度的因素？受温度影响较大的岗位有哪

些？

（7）生产现场的场所、设备、管线、标识的色彩使用合理吗？存在哪些方面的不足？

（8）生产现场内，岗位或生产线的光线与照明情况能否满足操作的实际需要？有改进的空间吗？

（9）观察者有鼓励你的直线下属遵守人体工效学的有效技巧吗？

八、整洁

作业现场的整洁与安全有很大的关系。一个整洁有序的区域就是一个安全区域，它可能在一定程度上避免事故伤害。一个整齐的区域比起一个杂乱的作业区，可使员工的工作更有效率。

1. 观察的重点内容

（1）工作场所是否井然有序。

（2）作业区是否整洁有序。

（3）材料及工具的摆放是否适当。

（4）其他。

2. 审核整洁标准

（1）整洁的标准是否适合此项工作（定期修订且为最新版本）。

（2）被观察者是否熟悉相关的整洁标准。

（3）被观察者是否自觉地遵守相关的整洁标准，如作业区域、工作场所、材料工具是否整洁有序。

3. 完成观察报告

行为观察报告中整洁这一项应至少包括如下内容：

（1）在生产现场，是否有保持整洁的标准。这些标准是否进行定期修订及更新。

（2）在生产现场，员工是否熟悉整洁的标准。

（3）生产现场整洁情况。如果员工没有遵守整洁要求，可能遭受的最严重的伤害。

（4）鼓励直线下属的员工保持现场整洁的有效技巧。

（5）观察者如何处理属地范围内的不整洁状态。

（6）生产现场保持整洁状态的长效机制如何形成。

4. 工作场所整洁有序

现场管理者（作业长、班长）要对作业现场的所有物品进行分析，根据物品各自的特征、使用方法、物品使用频率等进行分类，把具有相同特点或具有相同性质的物品分到同一类别，在此基础上制定标准和规范，在现场实施“三定（定置、定品、定量）”。

工作场所“三定”标准

三定原则	含　义	操作方法
定置	设定物品的保管场所，标记堆放方法和确存量的最大、最小值，使物品位置一目了然	（1）用区域和地址标识来区分。 （2）地址标识包括单位列、行号。 （3）区域标识可用“A、B、C”或“1、2、3”来表示。 （4）最上层“0区域（如架子顶）”不能存放物品。 （5）以将来不变动为基准
定品	依据物品的形态、大小、性质，确定合理数量。使其使用方便、易于管理。数量定为使用基准数，能够一目了然	（1）存放架子标识。 （2）单位物品标识。 （3）方便更换标识。 （4）物料存取搬运容易
定量	了解在库量，要做到不是大概，而是准确知道具体数量，以便为推行目视管理奠定基础	（1）限制存放地点和搁板的大小。 （2）特殊标识比数字更好。 （3）明确最大存量（红色）、最小存量（黄色）。 （4）做到一眼能看到数量的多少（见物知数）

某厂“三定”环境

5. 作业区域整洁有序

为了实现作业区域整洁有序，主要做法是实施目视化管理，使每一个人都能看得出时时刻刻变化的现场是否正常，对其中问题及异常及时采取对策，维持现场的正常管理状态。

作业区目视管理一览表

序号	名　称	内　　容
1	看板	让人一看就知道在什么地方，有什么东西、有多少数量
2	机器设备	（1）设置设备标牌（设备名称、吨位等）。 （2）考虑“安全第一”的原则确保设备易清扫、易操作、易维修
3	模具治具	（1）模具治具要有标识。 （2）模具治具要放在固定位置
4	通道及货店	物流通道顺畅、在制品货店（在制品存放数量）一目了然
5	劳保穿戴标准	作业区域内操作者劳保用品穿戴齐全有效
6	信号灯	作业区域内呼叫信号灯、异常信号灯、运转指示灯、进度看板工作正常有效
7	重点工序	曾经发生过工伤事故的工位或工序附有安全操作要领书

作业区井然有序——某汽车厂发动机组装

6. 材料及工具摆放有序

材料及工具摆放有序观察检查表

序号	项　目	内　容
1	零部件、材料	（1）放置场所有明确标识。 （2）零部件放置货架有明确标识。 （3）物品、搬运工具摆放在规定区域内。 （4）物品实施先进先出
2	作业工具	（1）经常使用的工具摆放在易拿取的位置。 （2）工具采用“形迹管理”的方法来定位。 （3）很少或偶尔使用的工具集中由专人保管
3	测量工具	（1）放置在规定的位置。 （2）采用相关的防护措施来加以保护。 （3）有合格证标识和检验日期

发动机部件分装台图示

现场测量检具的形迹管理图示

行为观察与沟通流程

一、行为观察与沟通流程概述

1. 行为观察与沟通流程的重要性

安全管理作为企业管理系统中的一个组成部分，对企业的正常运行和发展起着重要的作用。在安全管理系统中，事故预防是核心。如何通过前摄性行动，提前采取预防措施，将安全事故消灭在萌芽中，一直是企业安全管理研究的重点。

企业可以通过建立行为观察流程，观察并发现员工的安全行为和不安全行为，采取主动性的措施对影响行为的因素进行强化，增加员工的安全行为、减少员工的不安全行为，达到预防事故发生的目的。

企业通过积极推行行为观察流程，从传统的安全管理方式转变到通过观察关注行为的安全管理方式，同时倡导积极的安全行为激励方式，使得全员参与到企业的安全管理和安全文化建设中。实践证明在企业中推行行为观察流程，通过重点关注流程，将激励措施与行为观察法相结合是一种行之有效的安全管理方法。

2. 行为观察与沟通总流程

为使本书内容与结构更加完整，并体现安全观察与沟通工作的全过程，

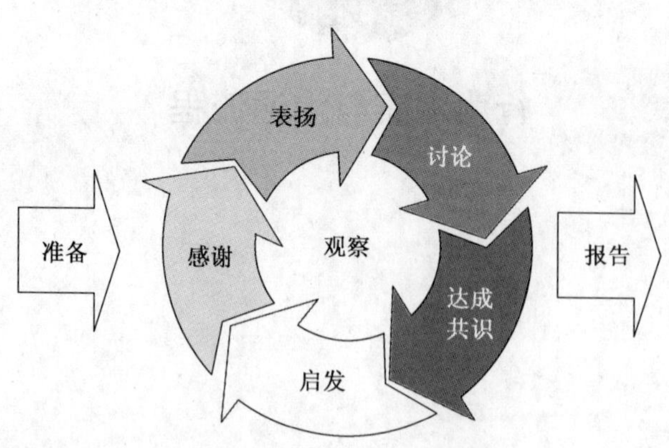

行为观察与沟通总流程

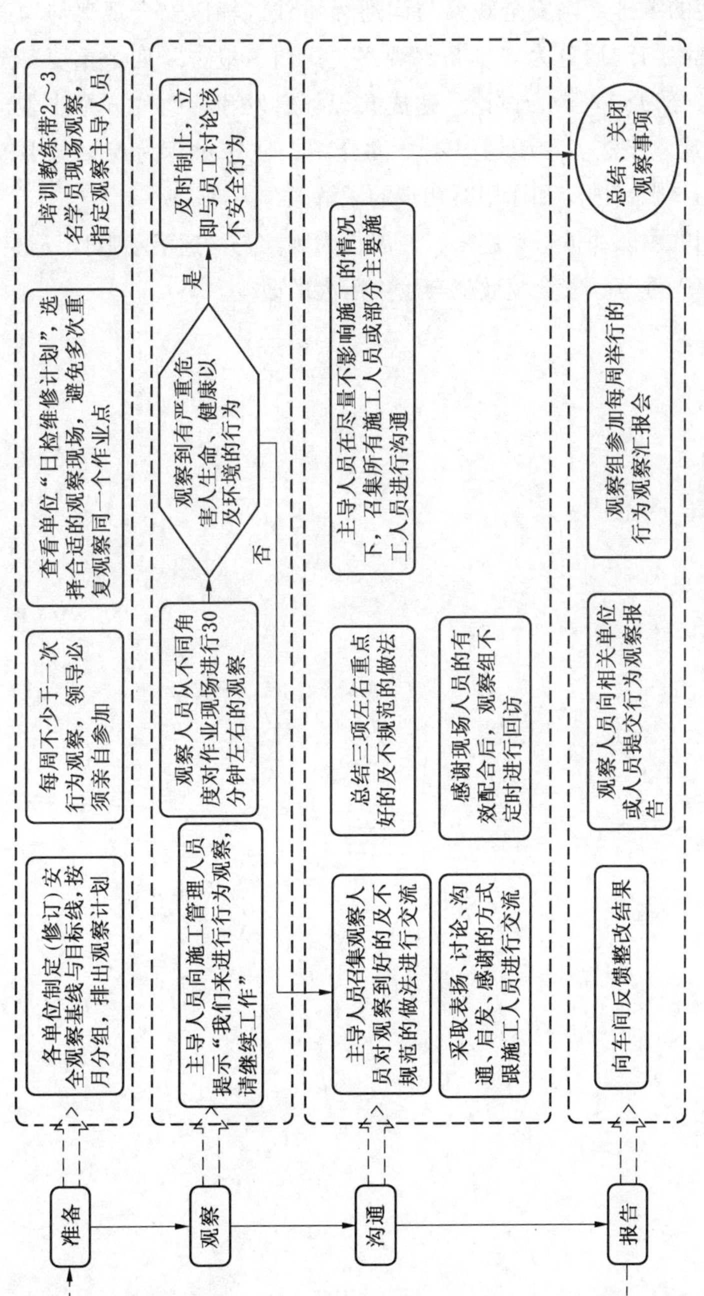
准备
观察
沟通
报告
各单位制定（修订）安全观察基线与目标线，按月分组，排出观察计划
每周不少于一次行为观察，领导必须亲自参加
查看单位“日检维修计划”，选择合适的观察现场，避免多次重复观察同一个作业点
培训教练带2~3名学员现场观察，指定观察主导人员
主导人员向施工管理人员提示“我们来进行行为观察，请继续工作”
观察人员从不同角度对作业现场进行30分钟左右的观察
观察到有严重危害人生命、健康以及环境的行为
是
否
及时制止，立即与员工讨论该不安全行为
主导人员召集观察人员对观察到好的及不规范的做法进行交流
总结三项左右重点好的及不规范的做法
主导人员在尽量不影响施工的情况下，召集所有施工人员或部分主要施工人员进行沟通
采取表扬、讨论、沟通、启发、感谢的方式跟施工人员进行交流
感谢现场人员的有效配合后，观察组不定时进行回访
向车间反馈整改结果
观察人员向相关单位或人员提交行为观察报告
观察组参加每周举行的行为观察汇报会
总结、关闭观察事项
行为观察与沟通流程图

本章在内容的编排上以安全观察与沟通为主线，辅以安全观察与沟通的步骤。行为观察与沟通分为“准备、观察、沟通、报告”四个重要环节，在沟通环节又分为“表扬、讨论、达成共识、启发和感谢”五个步骤，加上“观察”构成六步法。希望通过本章的介绍，使您对行为观察与沟通的理念、流程、步骤、内容和作用有初步的了解。

让我们的团队积极行动起来，开展行为观察与沟通活动吧！只要我们身体力行、率先垂范，安全绩效就会发生巨大的改变。

二、准备

如果你身为一个公司经理、部门经理、工段长（系长）或班组长，那么对于进入你属地范围内的每一个人（包括承包商员工），你都要采取行动对他们的安全绩效负责。

1. 你的安全责任

安全就是直线主管的责任。由此可见，你的安全责任比其他的属地范围内的人大多了。你的工作绩效绝大部分都要看你属地范围内涉及的人员（包括你的直线下属）的安全绩效。为了拥有良好的安全绩效，你需要对属地范围内的员工进行行为观察并与之沟通。

2. 成立行为观察小组

（1）行为观察小组成员由2~3人组成。

（2）小组成员。行为观察小组由有直线领导关系的人员或者企业各级领导、管理人员和基层单位班组长组成。

3. 行为观察的时间安排

（1）有计划的安全观察由小组按计划安排时间执行。

（2）随机的行为观察由单人或多人随时安排。

4. 确定观察不安全行为重点项目

在一个企业中，要观察、纠正、养成安全操作习惯的操作其实很多。不可能一次解决，所以必须有选择。选择的方法主要根据事故统计，同时也可用“头脑风暴”来确定。例如，某煤矿企业员工爆破前不检查爆破质量，带电移动电缆、带电拆卸设备等是该企业经常发生的不安全行为，而这些不安全行为极易引发瓦斯爆炸事故，所以要优先解决这些不安全行为，而这些不安全行为的操作又是可以通过视觉观察到的（叫作可观察的行为）。所以适合使用行为观察与沟通进行解决。这几项操作就可以选择为现阶段行为观察与沟通的重点计划项目。

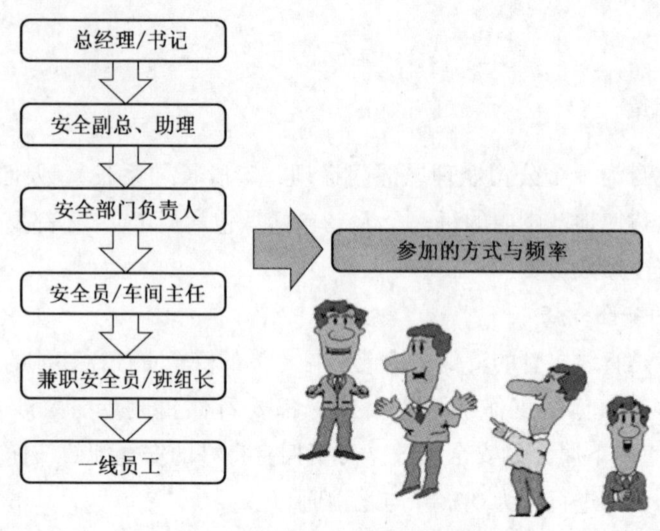

全员参与行为观察与沟通

行为观察与沟通频率和观察期限规定（国内某石油企业）

人　员	范　围	频　率	陪同人员
最高管理层	整个运行部门	每季一次	中层管理 小组成员 员工
	各部门	每个月 1～4 次	
中层管理	整个区域	每月 1～4 次	一线主管 小组成员 员工
一线主管	自己的区域	每周 3～5 次	
小组成员	自己的区域 与其他小组交叉审核	每周 3～5 次 按要求	每个人 其他小组
专业人员	整个作业区域	每周 3～5 次	每个人

5. 安全指数曲线

在选定了重点行为观察项目后，就要准备观察这些行为，得出基础安全指数，并在安全指数图上做出指数基线。对每一种行为做一个安全指数图（也可以将几种不安全行为合起来做一个图），并在现场看板中展示，以激励先进（以正面激励为主，不主张批评）。安全指数定义为操作中安全行为占发生总数的百分比。观察前，安全观察小组成员要熟悉现场的操作规程或标准，观察小组成员还要选择观察周期和试验周期。观察周期最好以周为单位，30 周为一个试验周期，准备好这些以后就可以开始行为观察了。

将观察结果实时绘制在安全指数图表上。再将它们在图上连接起来就得到了安全指数曲线。

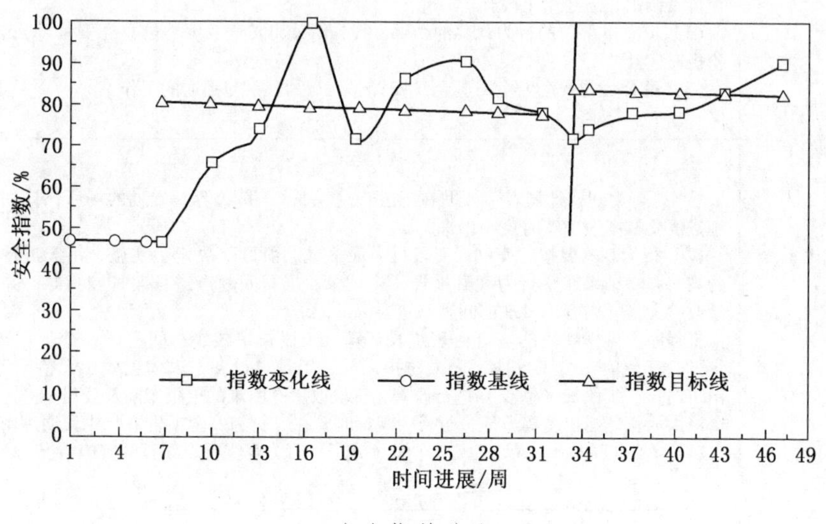

安全指数曲线

安全指数目标

有了安全指数基线，了解了所要的行为观察的项目后，就可以制定试验周期的安全指数目标了。安全指数目标的制定要符合实际、量力而行；制定的目标要有挑战性。

（1）初次试验可以选定在指数基线上提高30%～50%的目标。

（2）上图中的30周的挑战目标安全指数为80%。

6. 行为观察与沟通责任分工

行为观察与沟通责任分工

职务	实施内容
车间安全员	(1) 确定每个月的现场行为观察重点项目，并与各工段联系，发放通知、联络书等。 (2) 每月对各工段的行为观察实施状况进行1次以上的检查，确认“行为观察报告书”，如发现不合适的状况，给工段长（系长）改进建议并加以辅导。 (3) 确认各工段“行为观察报告书”，有关要求建议事项要进行现场确认并写出评价及结论，返还给工段长。 (4) 汇总本部门的行为观察的结果，报告给公司安全卫生委员会（安管部），并积极对应。 (5) 配合公司安全卫生委员会（安管部）行为观察与沟通的工作
班组长	(1) “行为观察计划表”要贴在工段长（系长）、科长容易看见的场所，计划实施进度要在图表中实时反映出来。 (2) 行为观察要按“车间及工段行为观察重点项目”决定去实施，每天进行行为观察并将结果在“行为观察报告”中记录。根据问题点进行改善和指导，并记录改善和指导内容。发现的问题一定要留下记录。 ※程序及操作规程的修订由班组长起草、工段长审核、车间主任（分厂厂长）审批；其余项（员工反应、个人防护用品、工具与设备、人体工效学、整洁等）由班组长、工段长（系长）进行改善，工段改善有困难的上报车间及公司。 ※因为年休、出差等不能进行行为观察时要在“行为安全报告书”中说明理由。 (3) 在月度的总结中要记入对车间（分厂）行为观察重点项目的实施情况
工段长	(1) 每周巡视各班组1次以上，如果发现行为观察问题，针对问题组织班组长培训。 (2) 自己进行行为观察发现的问题点、指导内容要记录在“行为观察报告书”中，结果向班长通告并确认，并将“行为观察报告书”交给车间（分厂）安全员。 (3) 确认班组长提交上来的“行为观察书”中的记录内容，并向车间安全员提交
科长	(1) 每月按月份行为观察重点项目进行2次以上行为观察，行为观察尽可能和工段长、班组长一起进行，通过危险预知，对作业者进行现地、现认指导，提高每个人的安全意识，提出活动建议。 ※行为观察的实施结果和建议要记录在“行为观察报告书”中。 (2) 确认工段长提交上来的“行为观察报告书”中的内容，并向公司安全管理部门提交

（续）

职务	实施内容
公司安全管理部门	（1）收集整理各车间（分厂）的行为观察报告书。 （2）策划召开安全管理会议、安全卫生委员会会议。 ※对各车间（分厂）行为观察的活动状况，安全管理部门要以活动计划为基础进行巡查，总结点检结果，提出整改建议，确保行为观察与沟通的有效实施。 （3）针对行为观察中重点课题，组织各级行为观察者培训。 （4）协调解决各部门改善课题。 （5）对发生事故的职场及对应状况进行调查，安全管理部门与监督者就问题点和课题进行调查、整理，指导今后的活动
总经理	（1）组织制定行为观察与沟通规范或制度。 （2）定期参与行为观察与沟通。 （3）为行为观察与沟通提供资源支持

7. 制定不安全行为审核清单

作为一名直线领导或属地主管，为使行为观察与沟通发挥最大的效能，可以组织员工制定不安全行为清单。制定不安全行为清单的方法有很多种，员工可以根据自己对工作的了解列举出一些不安全行为，也可以从工作程序、作业指导书或安全培训的内容中寻找。最普遍的一种方法是找出所在组织曾导致伤亡或事故的不安全行为和不安全状态。在确定了这些不安全行为项目后，就可以制定一份对应的不安全行为审核清单。

在制定不安全行为审核清单时要尽可能明确具体。所制定的不安全行为审核清单应该和具体的工作相对应，一般只作为指导、培训参考使用。不安全行为审核清单的创立过程不是必需的，但其实是一项很好的安全教育活动，可以根据组织的实际选择使用。

下表内容是某组织在以往事故、事件以及安全观察工作中得到的一些不安全行为和不安全状态。这个不安全行为审核清单可以在实施行为观察时参考。

不安全行为审核清单

序号	不安全行为	序号	不安全行为
1	超负荷负重	35	携带重物蹬梯
2	不安全位置负重	36	从高处抛下重物
3	托举重物时扭动	37	未确认是否已经断电
4	吊装物体失控	38	未进行工作前安全检查
5	手或手指被夹住	39	特种作业人员无资质
6	没有使用工具盒装扳手	40	未合理计划工作
7	没用法兰拆分器拆法兰	41	未提供充足时间安全完成生产任务
8	未按程序清除石棉	42	安装的支撑不合适
9	上楼梯时不扶扶手且一步两阶	43	在敞篷拖车卸货时站在管子上
10	搬运重物姿势不当	44	装货时未防护
11	梯子太短而不足以够到工作面	45	高处作业掉下重物
12	站在活梯的最高一梯	46	没有防护尖锐物扎手
13	双腿岔开站在活体顶部或仪器箱上	47	抓握锐器时未戴专用手套
14	升降脚手架结构	48	未有效控制火花
15	高处作业没有防坠落保护网	49	蹬梯时未保持三点接触
16	高处作业未系安全带	50	在梯子上身体超越侧边探物
17	将坠落阻止制动索系在非固定端	51	通往工作地点的通道不畅
18	下楼梯时不扶扶手	52	未在喷嘴下面安装接漏盘
19	结冰的人行道未作撒沙处理	53	未储备备用阀门、配件等
20	不使用旋转楼梯而是攀爬货架	54	未穿救生衣
21	使用损坏的活梯	55	地面深坑未加覆盖
22	楼梯结冰或积雪未去除	56	在深井附近作业未进行坠物防护
23	易碰头的地方未标识	57	使用汽油作为原油泄漏的稀释剂
24	易坠落物体未固定好	58	在佩戴自吸呼吸器之前没有查看剩余气量
25	未设置防护挡板保护平台下面工人	59	攀爬时解开被他物钩住的衣物
26	拆开法兰前未确认管线内物质	60	打磨机挡板被拆除
27	打磨时未佩戴面罩	61	从打磨机上拉动打磨机的电源线
28	未经允许擅自开工	62	信号员未穿专用背心
29	超出自身能力搬举重物	63	信号员没有站在合适的位置观察其他员工
30	使用低于工作要求等级的铁索吊装	64	使用磨损的尼龙吊绳
31	图省事走近道	65	驾驶车辆不系安全带
32	操作时未进行气体检测	66	未执行受限空间准入程序
33	扳手选择不当	67	在有毒环境下作业摘掉呼吸器
34	把扳手当撬棍用		

三、观察

1. 观察概述

在我们的日常生产中，有些行为因为细小而被忽略，有些现象因为常见而不被重视，往往就是这些不起眼的小事，却足以导致致命的伤害。

1）锁定观察目标

当你准备进行观察时，应放下手中的其他工作，腾出专门的一小段时间，走进你的安全联系点，锁定一个正在作业的员工，选择一个合适的距离停下来，以便开始全神贯注地观察其行为。如果你不停下来，只是经过时瞥一眼，你的观察不会准确全面。

2）整体观察技巧

为了成为一位熟练的行为观察者，你需要特别留意周围的每一件事，这里所说的观察不仅仅是靠你的视觉，同时还要充分运用你的嗅觉、听觉和触觉。可以学习和借鉴中医的“望、闻、问、切”的四诊式整体观察技巧。当你使用这一技巧时，你必须：

看：上面、下面、后面、里面（简称“四面”）；

闻：异常的味道；

听：异常的声音与振动；

感觉：异常的温度与振动。

3）“看”与“观察”的区别

“看”是一个简单的动作，“观察”则通常是带着问题（即找到不安全行为）和具有目标性。观察比看要更仔细些。“观”就是“看”，“察”除了看的意思外，还有调查的意思，观察就是仔细察看客观事物或各种现象。更进一步说，观察就是运用我们的各种感官——眼、耳、鼻、舌、身（皮肤）去接触、认识、思考客观事物。这样，观察的含义就包含了听、看、想等丰富的内容，它不是心不在焉地随便东瞅西望，而是科学地察看。

光是“看”而不“观察”产生的结果往往是：我们只是看到喜欢见到的，看不到我们不想见到的东西；不去思考眼前见到的情景的原因；不去思

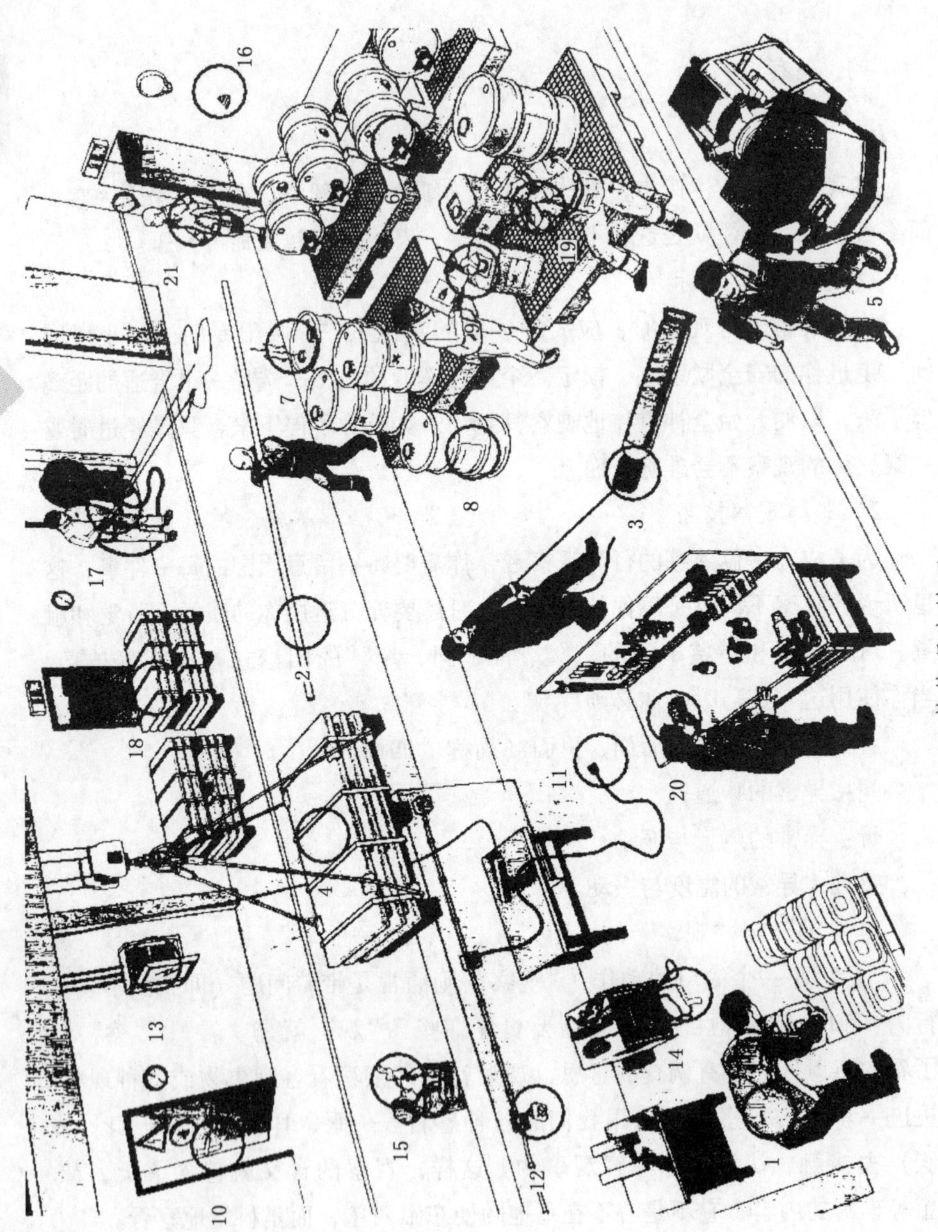

整体观察练习一

考眼前应该有而没有的东西。

4）敏锐的观察能力来源于平时的积累

敏锐的观察能力来源于自身所掌握的基本专业知识和技能，这方面并不是本书所能解决的问题，这主要依赖于你日常不断的学习和积累。

培养自己的观察能力对于任何进行行为观察与沟通的人而言，都是必须通过的一课。行为观察训练能够提供良好观察习惯所必需的方法。首先记得提醒自己要观察的是正在作业的人。这在开始的时候可能会有些困难，但由此产生的安全效益值得你去努力。

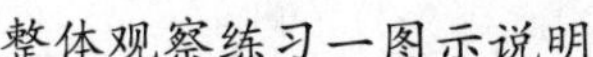

整体观察练习一图示说明

序号	存在何种风险	安全操作规程	事故类型
1	长期用不正确的姿势搬运物体，会造成腰肌劳损、坐骨神经痛、腰椎间盘突出等	正确的搬运姿势：尽量靠近物体、弯膝、抓紧物体、保持腰部挺直、用腿的力量搬运物体、搬起时禁止转身、行走时用脚掌握方向	其他伤害
2	一个人搬运很长的物体会碰到周围的人	即使搬运较轻物体也要两人合作	物体打击
3	用一根绳子绑住钢瓶的阀门或保护罩在地上拖行，这种方法可能会伤害到瓶体或阀门	使用专用小车，搬运时必须绑定，短距离时可以滚动	物体打击
4	货物被吊在较高位置，存在碰头风险；行车承受不必要的压力，影响行车寿命	货物只有在安装处理时才能悬吊，一旦工作完成吊钩必须上升到顶端，控制器放置在合适位置	物体打击
5	驾驶位置不对；走在栈板车的前面，驾驶员的脚可能会被碾伤或脚跟被撞伤	驾驶栈板车的人应该站在车辆的左方或者右前方	车辆伤害
6	化学桶的位置放置不好，龙头没有放置在防漏盘上，因此失去了防漏功能	化学品的下面要正确使用防漏盘，必要时使用容器接住漏滴	中毒
7	化学品桶的盖子没有盖上，有毒气体正在挥发	在使用完毕后，有毒有害化学品容器的盖子必须仔细检查并盖紧，防止有毒有害物质挥发。发生此类任何事故必须报告	中毒

（续）

序号	存在何种风险	安全操作规程	事故类型
8	有毒有害物质的容器直接放在地面上，没有防漏接盘，如果发生泄漏将直接漏在地面上	存放有毒有害物质的防漏接盘必须大于或等于 50% 或 100% 的有毒有害物质的容量	中毒
9	将两种不相容的化学品混合：一种是可燃的、一种是有毒的，他们可能会发生剧烈反应，液体飞溅或有毒气体泄漏、着火、爆炸等	没有得到批准，禁止混合两种不同的化学品；不要自作主张擅自使用化学品。仔细阅读化学品名称，参考物料安全数据表	中毒 火灾爆炸
10	配电间的门没有锁好，没有授权的人进入后的鲁莽行为可能导致触电	配电间的门必须锁闭，只有授权的人才能进入，危险标识牌必须挂在门口	触电
11	一个有电的电气接头随意放置在地上	当电气接头没有连接在设备上时必须断电	触电
12	电气插座已经破损，开闭设备时可能遭受电击	当一个电气插座损坏后要立即通知电工，在这个插座修好之前禁止使用	触电
13	电气箱的门没有关好，若是不小心碰到箱内的裸线可能会造成触电	只有电工才能打开电气箱，平时电气箱的门必须关闭	触电
14	破损的电线没有维修好，当使用该线时存在触电风险	电线的绝缘层破损后禁止再使用，除非由电工维修好	触电
15	在禁烟区吸烟可能造成火灾，危害他人健康	禁烟的规定必须执行	火灾
16	墙上的灭火器没有了，若发生火灾将贻误战机	所有的消防器材必须定期检查，只有发生火灾时灭火器才能拿出来	火灾
17	消防水带只能用于扑灭火灾，员工却用于清洁地面等其他用途	消防水带只能用于扑灭火灾	火灾
18	消防通道的门被货物堵住，发生火灾时无法疏散人群	消防设施前面禁止堆放任何货物，即使是临时性的	火灾
19	车间卫生状况差，在工作岗位吃东西有中毒的风险	只能在允许的区域喝水、吃东西，在喝水、吃东西之前要洗手	中毒
20	酗酒有害身体健康，醉酒时意识模糊容易造成事故	工作时禁止饮酒	其他伤害
21	没有穿安全鞋进入车间	进入车间要穿安全鞋	物体打击

整体观察练习二

整体观察练习二图示说明

类别	存在的安全隐患	按照规范、规程要求应采取的整改措施
个人防护用品	房顶作业安全带使用不规范	安全带应系于腰间
	彩钢板放置不稳妥	房顶彩钢板应放置牢固，不应探出
	高处作业未设安全监护人	高处作业应设现场监护人
	房顶作业人员穿短裤	作业场所应穿工作服
	起重指挥人员未戴安全帽	起重指挥人员应戴安全帽
	叉车维修工未戴手套	叉车维修工应戴手套
	叉车驾驶员没有安全带	叉车驾驶员应配备安全带
	叉车架驶员没有穿工作服	叉车驾驶员应穿工作服
	现场许多人员未戴安全帽（工作帽）	进入现场应戴安全帽（工作帽）
工具和设备	起重吊钩保险片损坏	吊钩应设防脱装置，并正确使用
	气瓶没有安全防震胶圈	气瓶应装设防震胶圈
	气瓶没有防倾倒措施	气瓶应设防倾倒装置
	电缆铺设不规范	现场电缆应架设或埋设
	作业场所消防设施不足	作业场所应配备足够消防器材
员工的位置	有跨越护栏现象	禁止翻越护栏
	登高没有安全通道	登高作业应设扶梯
	与底下人员形成交叉作业，没有隔离或防护	交叉作业应设防护或隔离，并有专人进行指挥
	攀爬现场码放物	禁止攀爬现场码放物
	倒车指挥人员站位不对，应站在侧面	倒车指挥人员应在车侧面指挥
	起重现场人员随意走动	起重作业现场不允许人员随意走动、穿过
	驾驶员站在叉架下维修叉车	叉车维修时应将叉架放下
程序	工作场所吃东西	禁止在作业场所吃东西
	叉车架驶员视线受阻时没有专人指挥行驶	叉车驾驶员视线受阻时应设专人指挥
	叉车叉架上货物堆放过高挡住视线	叉车叉架物品不应过高
整洁	物品码放不稳固，欲倾倒	物品码放应整齐、稳固
	地沟内倾倒化学危险品	危险物品应经过专业处理，不得随意倾倒

（续）

类　别	存在的安全隐患	按照规范、规程要求应采取的整改措施
整洁	液体物品与固体废物混放	液体与固体废物应分类存放
	现场物品码放不规范，有倚靠护栏现象	现场物品应码放整齐并放置于规定区域
	轿车存放地点不当，通道内砖头乱放，并且阻挡安全通道	应保持安全通道畅通
	厂房窗台物品放置不牢	作业区域物品应放置稳妥，并加以固定
	现场有带钉木板	带钉木板等废弃物不得随处乱放
	垃圾箱倾倒	垃圾箱应放置平稳
	货物码放超高	物品码放高度不应超过2米
	货物顶部放置散乱物品	货物顶部等高处不得放置散乱物品
	窨井盖板未盖严	窨井井盖应盖上或设防护设施
	安全通道有杂物及油污	安全通道应保持清洁
	起重作业未划定警戒区	起重作业应划定作业区，并设专人指挥
	坡段路面破损	场地内道路应保持路况良好
	气瓶存放地点不对	气瓶应存放于指定区域，并设防护及警示标志
	灭火器放置没有固定位置	现场灭火器应存放于指定位置
	叉车维修没停在专门维修区	叉车维修应在专门维修区

2. 禁止行为与行为观察中止

1）不安全行为的范畴

现场生产中的安全要素［人（操作者）、机（设备/设施）、环（环境）、管（制度/规程）］是经常发生变化的，而规章制度或操作规范往往滞后于生产变化。这时就有一个让员工困惑的问题：员工照章操作还出了生产事故。换句话说，不是所有的行为都能和有必要写进规章制度、不仅只有违章才导致事故和伤害，不安全行为同样也能导致事故，不安全行为的范畴远远大于违章。

2）不安全行为类别

不安全行为分为三类：非违章性不安全行为、一般性违章行为、禁止行为。例如，无证驾驶叉车属于禁止行为；货物挡住视线还正常行驶（应倒车行驶）属于一般性违章行为；在货叉下面检查叉车属于非违章性不安全行为。

不安全行为分类表

序号	类别	释义	纠正措施	
			措施	方法描述
1	非违章性不安全行为	指没有写进企业规章制度，但属于不正确、不规范的行为	循序渐进改善	这主要是一个行为习惯的纠正问题。杜邦公司认为纠正一个不良行为管理周期为8～12个月，如果经过这个周期还不能改变就要执行惩戒措施
2	一般性违章行为	指违反了规章制度，直接或潜在影响到生产秩序，存在风险，但不会直接造成人身伤害或系统严重破坏的作业行为	沟通纠正	这是观察沟通能够解决的问题，通过观察者的有效沟通，让被观察者认同并纠正违章行为，如果同一违章行为重复发生就要执行惩戒措施
3	禁止行为	指可能造成人身伤害（职业病）甚至危及生命或造成系统严重破坏甚至报废等严重后果，被国家、行业、企业明令禁止的行为	立即处罚	这是观察中止的范畴，一旦发现这一类行为，观察者就必须立即中止观察，“叫停”和纠正违章行为，并报告惩戒措施

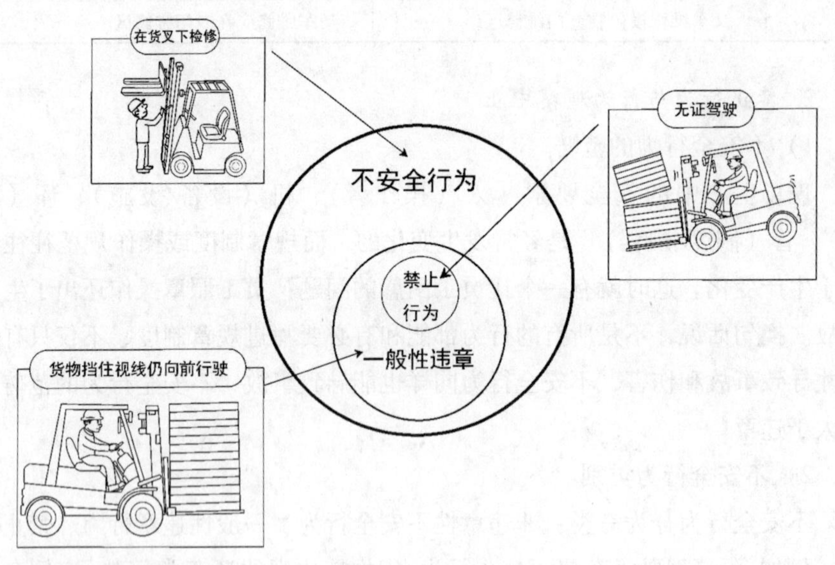

不安全行为分类

行为观察禁止行为示例

（1）严禁未取得有效“特种作业人员证”的员工从事特种作业。

（2）严禁未挂牌、未签字确认检修机械设备。

（3）严禁维修单位自行进行能源介质放送。

（4）严禁无操作票，对高压电气设备进行倒闸操作，无工作票在高压电气设备上工作。

（5）严禁工程施工未办理临时用电许可手续擅自接电源。

（6）严禁未办理受限空间作业许可手续，进入受限空间作业。

（7）严禁进入设备（大型容器和各类罐体、煤气设施等）内前不携带便携式气体检测仪，不切断危险源，不能确保气体置换合格条件下作业。

（8）严禁不按规定办理动火审批手续进行动火作业。

（9）严禁高处作业不系安全带。

（10）严禁在易燃易爆场所吸烟。

（11）严禁使用氧气吹扫设备、地面及人身上的灰尘。

（12）严禁在有毒有害气体设施禁区内休息，取暖。

（13）严禁违反“十不吊”的规定从事起重作业。

（14）严禁在吊物下停留、行走或作业。

（15）严禁在生产设备运转时钻、跨、触摸、清扫、检修等。

（16）严禁钻、跳铁路车辆和抢过铁路道口。

（17）严禁随意拆除或检修后不及时恢复安全防护装置。

（18）严禁选用不标准的额定电压作为安全电压。

（19）严禁违章指挥或强令他人违章冒险作业。

（20）严禁堵塞消防通道及随意挪用或损坏消防设施。

3. 行为观察中止及中止的后续行动

1）为什么要中止行为观察

行为观察是通过沟通纠正和消除不安全行为。但当发现严重三违（违章指挥、违规作业和违反劳动纪律）情形可能造成伤害甚至危及生命时，通过沟通消除的方式已经不能迅速控制后果的发生，这时最好的办法就是立即“叫停”。因为沉默表示同意——你不立即“叫停”，就是放任危险的存在；你能够救人——立即把员工从危险中撤出来，你就可以救人一命。

2）行为观察中止条件

（1）出现国家、行业明令禁止的不安全生产行为（安全生产禁令）。

（2）出现违反企业安全生产禁令的行为（企业安全生产禁令明确规定的致命违章或严重违章行为）。

（3）虽非前两款行为，但行为后果直接危及自己或他人生命时。

（4）观察时纠正无效，同一不安全行为重复出现。

3）行为观察中止的后续行动

（1）纠正。立即纠正操作者的违章行为，让其脱离危险环境，与被观察者沟通违章的严重后果。如果劝阻或制止无效，可立即向直线领导汇报。

（2）报告。所有禁止行为在中止观察后，都应报告（告知）该单位直线领导；同时向同级安全管理部门报告。

一个灵魂的忏悔

那天我也许可以挽救一条生命，但我选择了冷漠。

并不是我不在乎，而且我就在那里，也有时间。但是我选择了扭过头去。我不想看起来像一个傻子，或者为了一条安全规定而争吵。我知道他以前做过这份工作。

他冒了一次险，我扭过了头，因为我没有管，他死了。那天我本来可以挽救一条生命，但是我选择了扭过头去。

现在我每天都会看到他的妻子，我会意识到我本可以挽救他的生命。深深的罪恶感埋藏在我的心里，但我却不愿与人分享。

如果你看见别人冒了险，健康或生命处于危急关头，你的一个问题或几句话，也许就可以挽救一条生命。

我无法停止内心的愧疚，却不希望你也分担这种感觉。

如果你看到他人在冒风险，可能会危及他们的健康或生命，你的一句简单的提问或提醒，就可以延续他们的生命。

而如果你看见了风险却选择了走开，那我希望你有朝一日不要说：我差点救了一条生命，但我选择了冷漠。

一个灵魂的忏悔

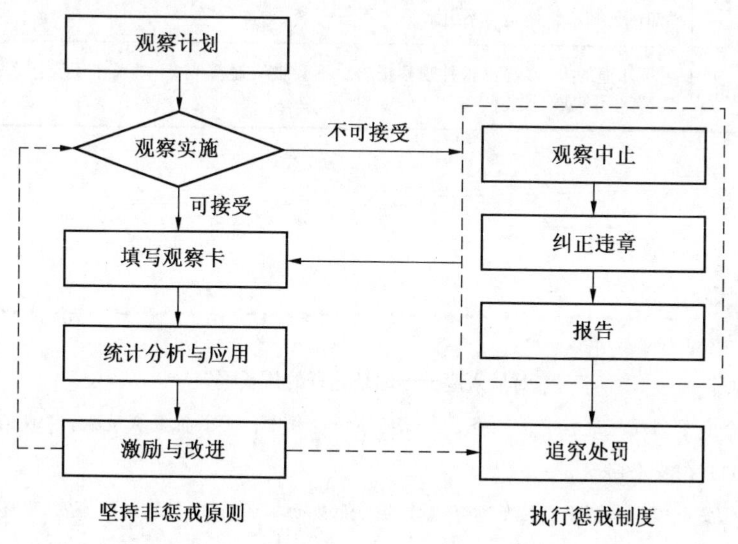

行为观察及观察中止流程图

4. 行为观察过程中最大的问题

（1）行为观察过程中最大的问题是观察者看不到现场安全和不安全行为。很多观察者填写的行为观察检查表七项检查内容全部为“无问题”，致使行为观察流于形式。

（2）作为现场管理者最大的问题是对安全及不安全行为视而不见、听而不闻、言而无语。很多管理者眼光对着某些事物，但却没有真正地观察事物，如果是的话，你和许多人有相同的情况。一般人通常只会看到他所想要找的东西，这种情形会影响观察效果。

视而不见、听而不闻、言而无语表现一览表

三 不	内 容
视而不见	找不出问题所在的人。“老是做些重复的事，找不到什么安全及不安全行为，更找不到可以改善的地方。”“到目前为止已尝试改善许多地方，我们这儿已经很安全了，已经没有任何问题了。”
听而不闻	漠不关心的人。“提什么行为观察与沟通，无聊。”“生产任务太忙了，没空写。”“知道是知道，但是写不出来。”“不写。”
言而无语	不知道的人。“提出这种观察报告，不会被人耻笑吗？”“现在还谈什么观察报告。”“不知道写法。”

对号入座——你是这样的厂长吗？

安全专家到现场进行安全检查，在现场巡视过程中，厂长很高兴地说：“我们这从来没有看到任何安全问题。”

这位安全专家却说：“在那边焊接作业而没戴面罩的员工是怎么回事？”“还有那位正站在起吊物下？”“还有那个在进行打磨作业的砂轮怎么没有护罩呢？”“还有……”

厂长不得不承认没有注意到那些问题。他想了一会儿说：“我想这大概是因为我多年来只注意抓劳动纪律。如果员工正在工作，我只是瞄一眼，但是如果员工没有在工作，我就会集中注意力去想为什么班组长没有给这位员工安排工作。”

对号入座——您是这位厂长吗？

发现安全行为及不安全行为是行为观察的关键

◆ 问题意识能力

在问题还没有明朗化之前预先感知问题存在的能力。

◆ 问题解决的三大主题

发现问题。

思考问题。

解决问题。

5. 行为观察可能遇到的问题和挑战

从目前的实践效果看，行为观察虽然受到基层员工的欢迎，但有些企业的管理者并不热衷于此。部分企业的管理层几乎不参与此项活动，致使这些企业在实施行为观察与沟通过程中还存在不少问题。

（1）员工防备心理较大。由于宣贯不到位，员工不了解行为观察与沟通的本质，仍然理解为另一种性质的安全检查，防备心理较大，不愿意配合，导致相互之间沟通存在障碍。

（2）管理者缺乏沟通技巧。由于培训不到位，部分管理者的思想还没有完全转变，同时缺乏沟通技巧，不善于与员工交谈。或者沟通的方式、方法不合适，导致行为观察没有达到预期的效果。

（3）缺乏相关的策划。缺乏相关的策划，没有分层次确定不同的安全观察与沟通的组织形式，还是以领导带队的类似安全检查的形式进行。

（4）没有对问题的纠正或者行为的改变进行后续跟踪。缺乏科学的目标、合理的职责分配、全面的资源保障、执行过程和执行结果监督管理方面的统筹安排，只编制了简单的工作计划，没有对问题的纠正或者行为的改变进行后续跟踪。

（5）对于观察到的安全行为没有予以表扬和肯定。采取传统的上级对下级的态度，对观察到的不安全行为以先告知的方式进行，要求员工立即纠正，而对于观察到的安全行为没有予以表扬和肯定。

（6）只记录不与被观察者交流。观察到了员工的不安全行为，但不愿意与员工交谈，担心员工的反应，只是在行为观察与沟通的卡片中记录了这种不安全行为。

（7）管理者架子大。管理者放不下架子，沟通的身份不对等，只以身份地位论事，对下属的意见不屑一顾，员工的真知灼见往往被忽视，长此以往，会让员工失去思考的积极性。

（8）观察者自以为是。沟通就是走过场，成了领导的秀场，在领导心中早已有自己的观点，而且认为是绝对正确的，根本没有怀着虚心的态度来倾听和接受其他人的意见和建议。

（9）各级管理者“灯下黑”。各级管理者自己没有开展行为观察与沟通活动，而只是让基层员工来做行为观察与沟通。由于缺乏相应的文化氛围，这样的活动只能流于形式。

（10）各级管理者缺乏信息共享。各级管理者之间缺乏讨论，只是彼此独立地开展自己的行为观察与沟通，没有对行为观察与沟通的结果进行相互讨论，共同研究行为观察与沟通过程中存在的问题与对策。

向传统观念及做法挑战

行为观察与沟通中的表现自测卡

序号	可能造成行为观察与沟通不良的原因		改进措施
1	准备不足	举例：	
2	缺乏必要的信息	举例：	
3	缺乏必要的知识	举例：	
4	缺乏必要的技能	举例：	
5	说的多，问的少	举例：	
6	问的多，说的少	举例：	
7	没有理解对方的话，以至于询问不当	举例：	
8	时间不够	举例：	
9	情绪不良	举例：	
10	没有注意反馈	举例：	
11	没有理解他人的需求	举例：	
12	有偏见，先入为主	举例：	
13	失去耐心，造成争执	举例：	
14	判断错误	举例：	
15	文化的差距	举例：	

四、沟通

1. 沟通概述

1）沟通的重要作用

随着行为观察与沟通在组织中的推行，观察者会觉得沟通已经成为行为观察与沟通的关键。因为这么做可以让员工知道，安全是很重要的。当观察者进行沟通以加强安全行为或纠正不安全行为时，已经传达出一个信息："安全很重要。"同样，一旦观察者忽视安全行为或不安全行为，就传达出另一个信息："安全一点也不重要。"

2）沟通行动中对观察者的要求

观察者要想与被观察者沟通，就要放下架子去主动接近员工并与其分享信息。要充分了解下属的需要、情感、价值观以及其他个人问题。以开放的态度多征询员工的意见，让他有机会表达自己的看法。在交流时，千万不要忘了激励的因素。

3）沟通的步骤

观察者进入作业现场到达观察位置后，先进行观察，然后与被观察者接触。如果对方处于危险之中，应以安全适宜的方式中止正在进行的危险作业。在非作业的安全环境中与被观察的员工进行交流沟通。一般情况下交流沟通分为表扬、讨论、达成共识、启发、感谢等步骤。

(1) 表扬。观察者向被观察者介绍自己及此行的目的，对被观察者的安全行为进行表扬。

(2) 讨论。观察者询问作业内容，讨论作业过程中员工不安全行为以及该行为的后果，探讨安全的作业方法，真正了解不安全行为的原因。

(3) 达成共识（有关内容详见第五章"高效沟通技巧提升"）。达成共识是指就如何安全地工作与员工交流，取得一致意见。

(4) 启发。引导被观察者交流现场的安全问题，挖掘员工的潜能及新的创意。

（5）感谢。最后对员工的配合表示感谢。

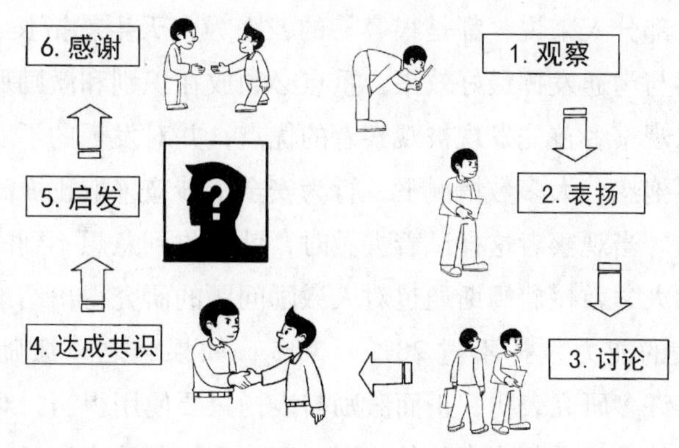

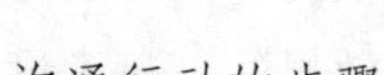

沟通行动的步骤

沟通行动要点

表扬	① 表示自己对被观察者的关注与关心。 ② 对被观察者在作业过程中表现出来的安全行为和积极的态度提出表扬和赞许。
讨论	① 把讨论当作相互学习。 ② 以真诚、关心和尊重态度进行。 ③ 询问为什么采用不安全的作业方法，探讨有无安全的作业方法。
达成共识	① 以友善、关怀的语气交流安全的作业方法。 ② 与被观察者达成共识，使其愉快接受。
启发	① 引导被观察者讨论作业区域其他安全问题。 ② 鼓励被观察者对安全问题提出改善建议。
感谢	① 对被观察者的配合表示感谢。 ② 以非常友好、礼貌的方式完成观察行动。

2. 激励与表扬安全行为

观察者要把寻找安全行为作为行为观察的首要目标，仅仅找出那些不安全行为对于大部分人来说，都是很容易的，因为人天生就擅长“挑刺”。要想使行为观察与沟通发挥最好效果，重点必须放在识别和激励那些安全行为上，这就要求观察者首先发现被观察者的优点，并对发现的不安全行为要做到不责备、不抱怨。大多数情况下，行为安全干涉应采取正面激励、信息反馈及校正指导。当观察者这样试着去做时，就会收到意想不到的效果。

美国哈佛大学教授詹姆斯通过对人激励问题的研究得出结论，如果没有激励，一个人的能力发挥不过 20% ~30%；如果施之以激励，可以发挥 80% ~90%。许多研究表明，正面激励与表扬只要使用得当，对于激励员工持续这种行为的动机是相当有效的，同时还将促进团队中积极的气氛。这并不表示纠正不安全行为是没有效果的，只不过鼓励安全行为也是保障安全的一个重要手段。

看——激励与表扬有多重要！

希望得到及时的肯定和赞美是人类的基本天性，每个人在这方面的感觉都是一样的，事实上也是这样：肯定与赞美——倒拍马是人类行为最强有力的诱因之一。

在第二次世界大战期间，有一位美国陆军航空队的大队长发现由于保养不良出事故而损失的飞机竟和与敌交战所造成的损失相等！在用尽种种方法都失败之后，他创立了一个制度，即对保养维护工作做得好的人给予奖赏。奖品本身并不值钱，只是些奖状和军中福利品或是 48 小时的休假等。

他对于由于保养不良而中止起飞次数最少的，在执行任务中机件故障最少的，以及执行战斗任务次数最多的飞机的保养人员给予这类奖励。

这位领导人还费尽心思来扩大这些奖励的成果：他举行颁奖典礼，拍照片并把照片送回到受奖人家乡的报纸上去刊登，而且还写特别推荐信和发公报。这些奖品也许不值什么，但随着这些奖品而来的还有更多人的肯定与赞美，尤其是得到家乡人的肯定与赞美，其意义之重大，恐怕是百万美元都比不了的。这个大队因此很快成了杰出的飞机保养维护纪录的保持者。

在统驭和领导的过程中，需要多种品质和技巧的综合运用，比如指挥、判断、力量、观念等因素。但要想激励士气，特别是激励追随者的士气，却非肯定与赞美莫属。

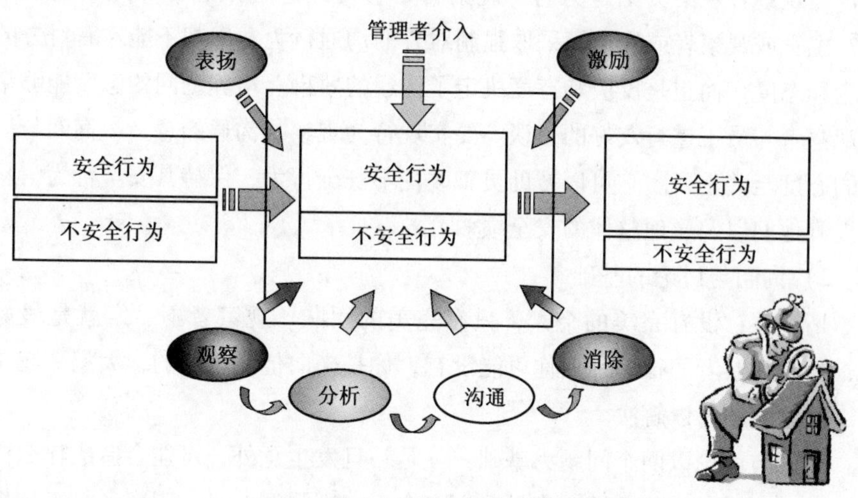

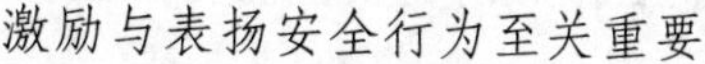
激励与表扬安全行为至关重要

激励与表扬技巧

（1）激励与表扬的态度要诚恳。表扬被观察者必须真诚。每个人都珍惜真心诚意，这是行为观察成功的秘诀。如果你与被观察者的交流不是真心诚意，那么要想行为观察取得成功几乎是不可能的。所以，在表扬被观察者时，你必须确认被表扬者的确有良好的安全行为，并且有充分的理由表扬他。

（2）激励与表扬的内容要具体。表扬要依据具体的事实评价，除了使用“你表现得很好！”“你很不错！”这样泛泛的用语以外，最好加上具体的评价。例如：“你的关于调整作业方式的建议，是一个解决问题的好方法，谢谢你提出对公司这么有用的想法。”

（3）注意表扬的场合。在众人前面表扬被观察者，对被观察者来讲当然受到的鼓励是最大的，但对观察者来讲采用这种方式一定要慎重，因为被表扬的行为如果得不到大家的认同，将会适得其反。

（4）适当运用间接表扬技巧。所谓间接表扬就是借第三者的话来表扬被观察者。这样比直接表扬被观察者的效果往往更好。例如：“前天和刘经理谈到你的安全作业方法，他很欣赏你，值得大家学习，好好努力，别辜负大家对你的期望。”

3. 询问与讨论

1）询问态度的重要作用

当观察者观察员工行为时，观察者是否曾经想过该怎样和这位员工沟通？主管或观察者或许可以采取强制对方的沟通行为，但却不能左右对方的反应和态度，而正是反应和态度决定了沟通的效果。培养询问的态度能够帮助观察者与员工进行友好的交谈。要实现行为观察与沟通的意义，询问与讨论的态度至关重要。它可以帮助员工改变不安全行为，保持其安全行为，从而提升他们以及属地整体的安全绩效。

2）询问与讨论的基础

请记住：没有完美的个人，只有完美的团队。观察者不一定就是最好的，而被观察者的很多优点你可能没有，你是来向他们学习的，大家一起探讨，问题就会得以解决。

询问与讨论以两个问题为基础：一是一旦发生意外，可能会造成什么样的伤害。二是如何让这项工作做得更安全。特别强调一点，观察者是来请教的，不是来做指示的！

员工小张正在用棉纱清扫正在运转电机上的油污和灰尘……

场合 1:	场合 2:
主任：小张，你干什么？赶快停下来！ 小张：我在忙着打扫卫生呢。 主任：你知道你做错了什么吗？ 小张：难道忙着干活也是错吗？ 主任：没有拉闸断电就清扫机泵，容易被轴承卷住，你难道不知道这是非常危险的行为吗？你不要命了！ 小张：道理上危险是有点，这么多年我都是这么做的，也没有出现啥问题。 主任：你难道没有学习安全操作规程吗？ 小张：好像学过，谁能记住那些教条啊？ 主任：你现在违反操作规程，应该……… 小张：主任，怎么能怪我呢？我还不是想尽快把活干完吗！（真倒霉，他们当官的不干活还尽给我们出难题，哎……）	主任：小张，辛苦了，在打扫卫生啊？ 小张：是，有事吗，主任？ 主任：你这样清扫机泵，一旦被轴承卷住，会出现什么结果？ 小张：可能会造成机泵停运。 主任：还可能伤着你的手吧！ 小张：是的，那就麻烦大了。 主任：你还记得手指口述要领吗？ 小张：记得。 主任：请你表演一样手指口述要领。 小张：电机电闸已断电，OK！ 主任：做得非常规范，希望下次记住！ 小张：谢谢主任，我一定会做到的。 主任：那好，再见！ 小张：再见，主任！

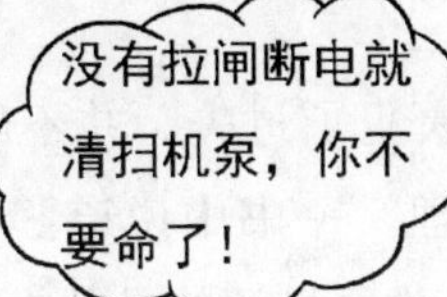

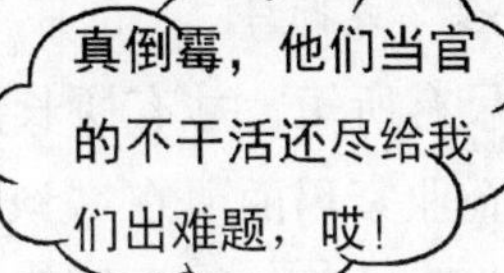

场合一——指责和训斥

场合二——询问、讨论及表扬

4. “三明治”式批评

俗话说：尺有所短，寸有所长。一个人犯了过失，并不等于他一无是处。美国著名企业家玛丽凯在《谈人的管理》一书中说道：不要只批评而要赞美。这是我严格遵守的一个原则。不管你要批评的是什么，都必须先找出对方的长处来赞美，批评前和批评后都要这么做。这就是我所谓的“三明治”策略夹在大赞美中的小批评。所以在批评对方时，如果只提对方的短处不提他的长处，他就会感到心理上的不平衡，感到委屈。比如一个人平时工作颇有成效，偶尔出了一次生产安全事故，如果批评他时只指责他导致的事故而不肯定他以前的成绩，他就会感到以前白干了，从而产生抗拒心理。

批评前必须略微地给予赞扬或恭维。据心理学研究表明，被批评的人最主要的心理障碍是担心批评会伤害自己的面子，损害自己的利益，所以在批评之前帮他打消这个顾虑，甚至让他觉得你认为他功大于过，那么他就会主动放弃心理上的抵抗，对你的批评也就更易于接受。事实证明，这种批评方法是非常有效的。

“三明治”式批评

“三明治”式批评，是指对某个人先表扬、再批评、接着再表扬的一种批评方式。由于这种批评方式并不是一味地采取批评的手段，而是在两层厚厚的表扬之间夹杂着批评，因此被称为“三明治”式批评。

某企业老板鉴于制造部发生1起工伤的情况，找到生产部门的相关负责人谈话。以下是采用“三明治”式批评方式进行的谈话内容：

“以前制造部连续两年多都没有出过工伤，整个公司以你们为榜样。

“但是，近来发生1起工伤，按照海因里希法则，我们还有很大的改善空间。所以，我希望你回去好好检讨一下，为什么会发生安全事故。

“我相信，以你从前的那种精神和作风狠抓四项活动（虚惊提案、危险预知、手指口述、行为观察），安全管理一定会上水平的。”

这三句话褒中有贬，既肯定了生产部门前面的安全绩效，又批评了他这次的工伤事故，最后提出目标和期望，恰到好处地激励了生产部门的斗志。

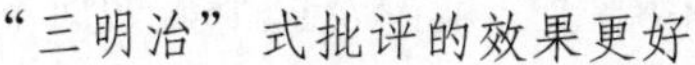
“三明治”式批评的效果更好

“三明治”式批评

“三明治”式批评也称“三明治”谈话法，是指对某个人先表扬，再批评，接着再表扬的一种谈话方式。用在批评、激励方面，效果显著。

讲激励离不开挫折，否则，激励就是不完整的。有时候，反面的激励往往能达到正面激励想象不到的效果。所谓挫折激励，就是员工通过总结挫折的教训，从而达到正面激励的目的和效果。当某个人努力满足自己的需要而工作却遭受到挫折时，他可能会采取两种态度：一种是积极适应的态度，另一种是消极防卫的态度。

管理者进行挫折激励的目的，就是要求下属遇到挫折以后以积极的态度面对，检查自我、完善自我，利用受挫折者的防卫机制，促其升华。

5. 指正的技巧——对事不对人

俗话说，金无足赤，人无完人。在行为观察过程中，往往会发现被观察者的不安全行为。一般来说，人都有自知之明。人们发现自己的错误后，会对过失的性质、危害、根源等进行一些反思。但是，当局者迷，旁观者清。自己的反思再深刻，总不如旁观者看得透彻。所以，当我们发现别人的过失时，及时地予以指正和批评，是很有必要的。有人说赞美如阳光，批评指正如雨露，二者缺一不可。

说到批评指正这个词，人们就会很容易想到损人、让人丢面子、颐指气使等。有人以为，批评他人往往是得罪人的事，不是有良药苦口、忠言逆耳的说法吗？的确如此。但是，之所以如此，恐怕主要还是我们批评指正他人时缺乏技巧的原因。医学发展至今，许多良药已经包上糖衣，或经过蜜炙，早已不苦口了；那么我们为什么不能研究一下批评他人的技巧，变成忠言不逆耳呢？

日本著名管理学家大前研一曾说："能做到对事不对人，就不会在乎自己的立场。因为事实出现之后，你就会忠于事实，坦然接受这个事实。不能忠于事实，不但无法洞悉问题的本质，也不可能走完找到正确解决方案的过程。"所以，批评人应尽量准确、具体，对方哪件事做错了，就批评哪件事，不能因为他某件事做错了，就论及这个人如何不好，以一件事来论及整个人，把他说得一无是处，一贯如此。比如用"从来""总是""根本""不可救药""我算看透你了"等言辞来否定人，都是不可取的，应当避免。

因此，为了找出真正的解决方案，首先必须让自己站在没有偏见的立场上。批评某种行为，而不要批评某个人；对事不对人，强调的是一种公平原则，一种一视同仁的态度，从某种角度而言是对员工对下属的尊重。而且对事不对人有利于形成一种公平的氛围，有利于公司理性健康成长。

这次非给你们点颜色看看！

一家开关厂的生产部为赶进度完成一个订单，启用了一台互锁装置出了问题的设备，因为没有配件就自作主张将互锁装置拆除了，然后组织员工加班生产。这件事被现场观察人员发现后，报告安全管理部，安全管理部要生产部停产抢修设备后再组织生产。生产部经理软磨硬泡，安全管理部仍坚决让停产。最后生产部经理甩下话说："你怎么这么不信任我呢？如果发生生产安全事故，责任由我一人负责！"安全管理部经理也气呼呼地说："如果出了生产事故，这个责任你负得起吗？你算老几啊？你有这么大的能力吗？你们车间发生几次事故了，就是你们这些人蛮干造成的，还不吸取教训？这次非给你们部门点颜色看看！"

沟通大忌——对人不对事！

良好的沟通要对事不对人！

◆宽容有一种潜移默化的力量，它使人们不知不觉地吸收着彼此的营养，从而一同壮大。“弱者才会残忍，惟强者懂得温柔。”用体谅改变别人。和不相投的人相处是一种思维艺术。只有强者才会宽容。宽容是基础，是强大，是自信，是不易受伤，在你给别人第二次机会之前，一定要告诫自己：“是事错了，而不是人错了。”这样你给他的第二次机会才是真正的完整的机会。

◆好的沟通是谈行为而不是谈个性。很多时候沟通不顺畅是因为你不是单纯对事，而是上升到对人格的攻击，已经把这个人定性了。

6. 批评最好选择适当的场所

批评和指正最好选在单独的场合。每个人都会犯错误，本着爱护下属的心态，你要有宽广的胸襟包容下属。

在其他同事在场的情况下，一个下属被领导批评和责骂，对下属来说，是蛮伤心的事情。道理很简单，当着那么多人的面骂我，心里怎么受得了，我在同事面前的形象已经被你折损了，面子大失。就像我们读书时老师提问，常常有一种心理——不喜欢回答或者被点名回答。因为我们担心如果回答错了，同学们笑话，怕不好意思，怕老师骂。尽管这不是一种积极的心理，但事实上它不可避免。

批评也不应在公众场合进行，尤其是不要当着他所熟悉的人的面批评。否则，会使对方感到面子受到了伤害，增加他的心理负担，影响批评的效果。比如，你在员工面前批评操作者，不论你说的是否在理，他都会感到在员工面前大大地丢了面子，甚至认为你是在通过羞辱他而达到你的自我满足。对方会认为你是故意出他的丑，使他难堪，从而引起公开对抗。许多争吵对骂，往往是由于批评的场合不对引起的。

一个管理人员在第三者面前责备某个员工的行为是绝对不可原谅的

美国玛琳·凯化妆品公司董事长玛琳·凯在批评人时，绝不坐在老板台后面与对方谈话。她认为办公桌是一个有形的障碍，办公桌代表权威，给人以居高临下之感，不利于交流和沟通。她总是邀对方坐在沙发上，在比较轻松的环境中进行讨论。玛琳·凯要批评一个人时，总是单独与被批评者面谈，而绝不在第三者面前指责。她认为，在第三者面前责备某个人，不仅打击士气，同时也显示批评者的极端冷酷。她说："一个管理人员在第三者面前责备某个员工的行为是绝对不可原谅的。"

7. 批评指正用商量合作的语气，而不是命令的口吻

沟通经常是为了达到自己的目的硬塞给沟通对象的，而商量则是找出共同的话题、确定共同的目标后才展开的，对双方来说都是自愿的。商量之所以能让人接受，是因为大家有共同的目标，当然一定要彼此迁就，而不是谁

一个管理人员在第三者面前责备某个员工的行为是绝对不可原谅的

当众批评到底好不好？

◆是否顾及员工的自尊心？

批评的目的是在适当的场合，通过适当的方式促使对方发生转变，而当着众人的面对其进行批评，是与批评的目的极不相符的，也根本不可能达到批评的目的。当对方受到这样的批评时，只会认为这是你在有意给他难堪，而且在某种程度上还会伤他的自尊心。

◆杀一儆百？

其实这种观点在现实中是行不通的。一般来说，在场的其他人有的可能是品头论足，有的可能对批评者同情，有的则是把它当成与己无关的耳旁风。假若是大家共同存在的问题，也不必明确地提出批评对象来。

吃掉谁的关系。

行为观察讲求的是沟通，推崇的是好好商量。命令只能管人的身体，商量才能抓住人的心，也就是沟通和商量可以产生不同的作用。中国人讲求心意相通，只有心连在了一起，很多事情才好商量。所以，沟通是从心开始的，其中有很多奥妙无穷的变化，需要聪明的观察者好好地去理清。

不要用命令的口气来压你的员工，这一点很重要。每一个人都有自己的思想与自尊。如果你是采用命令的口气来让下属做事，下属只能把事情做完。如果你是采用商量的口气来让下属做事，这时下属才可能会把这件事做好。也就是说，只有赢得员工的心，才能让我们的员工真正地行动起来。

命令只能管住人的身体　商量才能抓住人的心

一天，一名班组长走到卸沙场看到几名员工（劳保用品穿戴整齐）站在沙堆上，通过下面两个场景，可以帮助大家了解应采用什么样的沟通方式。

◆场景 A：

班长：（很生气地说活）：喂！你们都站在沙堆那儿干什么？不知道有危险吗？（员工赶紧跑下来）

班长：嗯，这还不错！（然后走开了）

员工：我们一直这么做，真是没事找事。（等班长走远了之后，又回到沙堆上）

◆场景 B

班长：你们可以过来一下吗？

员工（走向班长）：什么事？怎么了？

班长（以一种聊天的口气）：今天风很大，你们几个干活很认真，大家辛苦了！

员工：应该的，谢谢！

班长：我注意到你们都站在沙堆上工作，知道有什么危险么？

员工：哦，以前每次卸沙时都是这么做，不会有危险的。

班长：你们刚才站在哪儿？

员工（看了看）：就是沙堆的上面啊。那儿附近有个沙斗。虽然被沙盖住了，但大体位置还是知道的。

班长：哦，那儿附近有个沙斗的进口，如果沙斗突然放空，会出现什么后果，你们想过没有？你们看一下你们刚才的位置，离沙斗已经非常近了，身后的沙堆堆得比较高。

员工（仔细看了看，又想了一会儿）：嗯，如果沙斗突然放空的话，很容易引起沙堆的崩塌，那我们就惨了，我们知道该怎么做了，再也不会这么干了。

班长：这就对了，这种事故不是没有发生过，干活时首先要看一下周围的环境。

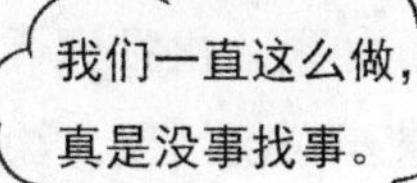

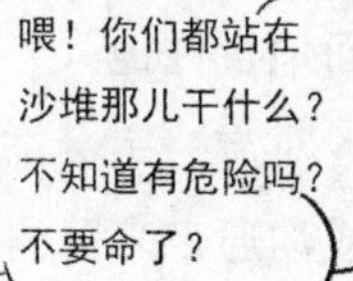

场景一——命令只能管住身体

场景二——商量才能抓住人的心

8. 以友好的方式结束批评

正面地批评他人，对方或多或少会有一定的压力。如果一次批评弄得不欢而散，对方一定会增加精神负担，产生消极情绪，甚至对抗情绪，为以后的工作或沟通带来障碍。所以，每次的批评都应尽量在友好的气氛中结束，这样才能彻底解决问题。在会见结束时，可以对对方表示鼓励，提出充满感情的希望，让他对这次见面的回忆当成你对他的一次赞许而不是一次意外的打击，这样会帮助他打消顾虑，增强改正错误、做好工作的信心。比如分手时可以这样说："我知道我可以相信你。"并报以微笑，而不以今后不许再犯作为警告。

批评性谈话，在结束前把话往回拉一拉，鼓励一番，放松一下，这是必要的。这种具有感情色彩的客观评价，往往能温热被批评者的心，使他们真心实意地接受教训。批评过后也可采取一些措施，帮助对方补救错误造成的后果，尤其是人际关系。如领导有意找被批评者商量工作、交办事宜，或求他办点个人事情，这都可增进亲近感。又如做好错误损害对象的工作，让其主动接近犯错误的同志，缓解关系。如果能给对方一个补过的机会，或是一个意外的机遇，让其知道领导的爱护意图，那么，往往会收到更好的效果。

以友好的方式结束批评

场景：车间主任在进行行为观察时，发现操作工小张正准备佩戴过滤式防毒面具到现场进行巡检。

主任：小张，去生产现场戴防毒面具，很好！我能看一下面具吗？

小张：好的。（主任打开滤毒盒检查）

小张：啊，滤毒盒已经锈蚀了！

主任：如果佩戴这套防毒面具去工作会出现什么情况？

小张：起不到保护作用，可能会中毒。

主任：那该怎么办？

小张：滤毒盒该换了，我们应该先检查一下，然后再使用，但大家平时一般不检查，直接使用。

主任：使用不符合安全要求的防护用具非常危险，要特别注意啊！我会安排对防毒面具进行检查，完善相应的安全管理制度，保证防毒面具达到使用要求。

以友好的方式结束批评

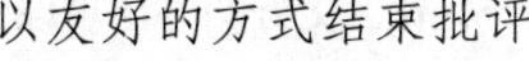

◆扬善于公庭，规过于私室（公开表扬，私下批评）。
◆七分表扬三分批评（多表扬，少批评）。
◆不对=很好……但是如果……就更好。
◆只对事不对人。
◆及时、具体、真诚。
◆要会表扬，更要会批评。

9. 启发

依靠员工、引导员工讨论工作地点的其他安全问题，培养和提高员工参与管理的意识。引导员工参与管理，挖掘员工的智慧和才能，为企业出谋划策。让他觉得，这主意是他想到的。

史蒂芬柯维所述，人有四种才能：智能、身体、情感与精神。但大多数企业只勉强使用到员工的前两种才能。实施行为观察与沟通的企业欲开发后面两种才能，改变人们享受安逸、不愿意脱离舒适圈的习惯，去引导员工成长，不断挑战自己。即“发动员工一边工作、一边思考如何让工作更好”。

想得深还不够，更要想得广。管理人员要与现场员工一起研讨如何进一步改善以便于操作，双方可以激荡起更多的创意，管理人员不应只将眼光放在自己的创意上，更难的是，管理人员要启发和帮助员工成功，让现场员工有成就感，认为自己是很有价值的。

让公司上上下下每位员工，时刻用心去发现隐藏的安全隐患，通过行为观察与沟通，将每个人的智慧与潜力，淋漓尽致地发挥出来。

启发员工——有什么更好的办法可以消除隐患呢？

场景一：现场负责人正在做安全巡查，当他进入作业区时，一名员工正在将钢瓶从一条传送带上搬运到另一条传送带上，一不小心，一个钢瓶掉落在地上，差一点砸到员工的脚。

现场负责人：张师傅，辛苦了！你们这个月指标完成得不错啊！

员工：应该的！

现场负责人：刚才我正好看到有一个钢瓶掉下来，差一点砸到您，挺危险的。

员工：哦，生产线改造后还不太正常，为了赶进度，一不小心钢瓶掉下去了。

现场负责人：一会休息时咱们几个人讨论一下，看看有什么好方法。

场景二（现场员工休息点）：

员工甲：最好将两个生产线连在一起，并且要把节拍时间调整一致。

员工乙：生产线上增加一个自动装置，让钢瓶自己站起来……

现场负责人：大家的提议非常好，如果您想到其他的方法可以使这项工作更安全，请让我知道，好吗？谢谢！

启发员工的智慧与潜力　使其得到淋漓尽致地发挥

员工的智慧与潜力在现场改善中得到极大地发挥

10. 感谢

以真诚的态度，对员工的配合表示感谢，多多鼓励，让他觉得这过错很容易改正，增强员工的归属感，营造更为融洽和谐的工作氛围与环境。

行为观察与沟通一定要“以人为本”，通过以人格为基本的“个性化管理”，对员工个人尊严、权益、性格、情感等因素充分肯定和重视，以内因为激励，充分发挥员工所有的技术、才能和经验，从而创造良好的安全效益。

以真诚的态度对员工的配合表示感谢

场景：设备处张工程师是储罐检修的现场负责人，他上午到现场，采用全方位行为观察的方法，对检修现场进行了仔细观察，发现储罐与材料之间有一块脚手板，张工程师找到承包商施工作业负责人李主管。

张工程师：您好！大家辛苦了。你们工程快结束了吧。

李主管：再有一周就完工了。

张工程师：你们中午在哪吃饭？

李主管：在你们食堂吃，伙食挺好的。

张工程师：我看到储罐与材料之间有一块脚手板，是做什么用的？

李主管：上下储罐从这里走。

张工程师：脚手板又窄又没有固定，会不会摔下去啊？

李主管：一般不会，我们都习惯了，再说也不太高。

张工程师：万一摔下去就麻烦了，对个人和家庭的影响会很严重，高处坠落的事故在施工单位发生率很高的啊！

李主管：对，可是搭脚手架什么的会耽误施工进度。

张工程师：我理解，安全是工作的前提，我们先确保施工人员人身不受到伤害再去关注施工进度，我们以后设计施工进度的时候也会把安全措施考虑进去的。

李主管：是啊，那我们搭个脚手架吧，这可能要用一天的时间。

张工程师：这是个好办法，以后这种没有护栏、不固定脚手板的通道就不要再用了。

李主管：是。

张工程师：谢谢啊！

以真诚的态度对承包商（员工）的配合表示感谢

小结：行为观察与沟通要点

（1）以友善的方式吸引作业人员的注意。

（2）以安全适宜的方式中止正在进行的危险作业。

（3）在非作业范围的安全环境中进行交流和沟通。

（4）用肯定的态度指出作业人员所表现出来的积极的方法和行为。

（5）如果员工的工作位置、方法有问题或者“有危险”，询问为什么采取这种方法，有无其他更安全的方法。

（6）以友善、关怀的语气问其安全的工作做法及采用安全方法的好处。

（7）沟通时首先要取得和员工沟通的“门票”，肯定员工、共同兴趣和幸福的事是拉近心理距离的通常技巧。

（8）注意不要：

①触摸对方。

②用手指向对方。

③测试性问话“你知不知道……？”

④在讨论中进行记录。

⑤对表现出来的不安全行为指名道姓地进行报告。

⑥袖手旁观而不提供任何帮助等。

五、报告

在完成现场行为观察与沟通后，我们需要填写一份安全观察报告。如果你看到的都是安全行为，应该记录值得推荐的行为。如果有不安全行为，我们就应该填写不安全行为或者不安全状态，并填写建议和改进措施。

1. 行为观察卡的主要内容

一份完整的观察卡应主要包括四部分内容：观察信息、观察内容记录、观察结果描述、报告人。

（1）观察信息：主要说明观察的时间、区域、对象（不记录姓名）等。

（2）观察内容：按要素分别确认观察发现项。

（3）观察结果：记录观察到的安全行为、不安全行为。

（4）标明观察者和所属单位。

2. 行为观察卡的格式

每一张行为观察卡分为正、反两面。正面是“行为观察报告”，主要是显示观察信息和报告观察的客观结果；反面是“行为观察记录表”，主要是对观察的结果进行判定分类。此张表国内有多种版本，主要是各个企业的安全管理人员根据事故统计分析选取的重点观察项目不一样所致。

3. 行为观察卡填写提示

（1）选择与你观察的不安全行为最贴近的一个观察要素。

案例：一名建筑工人正在作业区中休息，但未戴安全帽。可以在“个人防护”栏选择“安全帽”打“√”。

（2）如果涉及多项要素可复选。

案例：如在观察中发现一个开关箱未上锁，可同时在：

“员工的反应”栏选择“上锁挂牌”打“√”。

“员工的位置”栏选择“易触电处”打“√”。

“程序和秩序”栏选择“程序和秩序未被执行”打“√”。

案例：有一名员工在一个开放式储槽进行溶剂混合作业，这位员工的主管看到他将剧毒性及腐蚀性的溶剂倒入混合液槽，但未穿戴适合的防护装备，主管可同时在“个人防护”栏选择“防护镜及面罩”、“呼吸护具”、“防护手套”、“防护服”、“防护鞋”打“√”。

4. 行为观察报告填写说明

1）观察信息

（1）被观察作业：实施观察的作业项目名称，如压铸机检修作业。

（2）日期：实施观察的日期和时间段。

（3）区域/设施：实施观察的具体作业地点，如某压铸车间发动机压铸作业区 5 号压机。

（4）被观察的单位/部门：被观察的基层单位。为便于统计，应填写作业区（工段）和班组两级，如发动机压铸作业区缸体班。如果观察者是被观察单位/部门以外的人，在填写时应标明所属单位，如公司设备处技术一科。

（5）是否本班组/部门责任区域：如果观察者是本班组/部门内部员工，则为“是”；如果观察者不是本班组/部门内部员工，则为“否”。

（6）被观察人数：被观察的人员总数。

（7）不安全行为人数：发生不安全行为的人员总数。

（8）不安全问题数：不安全行为、不安全状态、未遂事件（虚惊事件）三个类项的总和。

（9）报告人：实施观察者。可以是 1 人，也可以是一个观察小组（分别填写姓名）。

（10）单位/部门：实施观察者所属的单位或部门。如果观察者是被观察单位/部门的内部员工，填写本单位名称；如果观察者是被观察单位/部门以外的人，应能准确确认观察者准确的所属单位信息。

2）观察结果的描述

按安全行为、不安全行为、不安全状态、未遂事件（虚惊事件）四种类型对发现的现象进行具体的分类写实描述。

3）措施及改进建议

（1）措施：针对主要的不安全行为、不安全状态提出自己认为合理的纠正措施。

（2）建议：就作业现场的不安全行为、不安全状态从制度、管理等深层次进一步提出个人想法，也可对作业现场的其他安全问题发表个人看法。

行为观察报告

鼓励安全行为、提高 HSE 意识、创造 HSE 氛围

被观察的作业：________ 日期：________
区域/设施：________ 被观察的单位/部门：________
是否本班组/部门责任区域：□是 □否
不安全行为 [ ] 不安全状态 [ ] 未遂事件（虚惊事件）[ ] 推荐安全行为 [ ]

情况描述：

措施及改进建议：

被观察人数： 不安全行为人数： 不安全问题数：

报告人： 单位/部门：

行为观察记录表

观察的步骤：观察—表扬—讨论—达成共识—启发—感谢

Ⅰ—员工的反应	Ⅱ—员工的位置
□ 调整个人防护用品 □ 改变原来的位置 □ 重新安排工作 □ 停止或离开作业 □ 接上地线 □ 上锁挂牌 □ 其他	□ 高处或临边 □ 运转设备旁 □ 起吊物下 □ 物料易喷出、挥发处 □ 作业空间狭窄或受限 □ 警戒区内 □ 接触有毒有害物质 □ 绊倒或滑倒 □ 不合理的姿势 □ 照明不良 □ 噪声 □ 其他

（续）

Ⅲ—个人防护用品	Ⅴ—程序与秩序
□ 安全帽	□ 程序或规程没有建立
□ 护目镜或面罩	□ 程序或规程不适用
□ 听力护具	□ 程序或规程员工不知道或不理解
□ 呼吸护具	□ 程序或规程未被执行
□ 防护手套	□ 工作场所整洁规范
□ 防护服	□ 材料或工具摆放适当
□ 安全带	□ 交叉作业合理有序
□ 防护鞋	□ 其他
□ 其他	
Ⅳ—工具和设备	
□ 使用不合适的工具和设备	
□ 使用方法不正确	
□ 工具和设备不完好	
□ 使用手代替工具操作	
□ 其他	

场景：有经验的张师傅负责承包商维修工作的监护，他在施工人员作业时进行了仔细的观察，发现施工人员在拆卸设备后平盖螺栓时，将螺栓逐个拆下。

张师傅：师傅，等一下，不要再拆螺栓了！

施工人员（停下工作）：怎么啦？

张师傅：你想里面会不会有残留的液体啊？

施工人员：不是已经吹扫干净了吗？

张师傅：我们已经吹扫了，但设备内有时还会有残留的一部分介质，无法保证百分之百的吹扫干净，万一会有压力或残液，你这样一下子就拆下来会有什么后果？

施工人员：如果里面有压力，残液会喷出来吧？唉，那可就惨了。

张师傅：所以维修时拆卸螺栓要隔一个拆一个，拆完一半后等一下，等确认里面的气体都放干净了，再拆其他螺栓，这样就安全了。

施工人员：对对，我们刚才一忙，就忘了，谢谢你师傅。

张师傅：不客气，以后要注意，保护好自己最重要啊，你们有没有这方面的规定啊？

施工人员：这些细节哪会写到规定上啊！

张师傅：这样，那我要和你们管理人员说说，在规程中完善补充，细节不注意，可能会出大事故啊！

真诚地沟通

行为观察报告

鼓励安全行为、提高 HSE 意识、创造 HSE 氛围
被观察的作业：设备维修作业　　日期：2015 年 12 月 5 日 区域/设施：5 号机组　　被观察的单位/部门：动力部 是否本班组/部门责任区域：☑是　　□否 不安全行为［√］　不安全状态［　］　未遂事件（虚惊事件）［√］　推荐安全行为［　］
情况描述： 施工人员维修 5 号机组，拆卸阀门螺栓时，一次性全部拆下，容易造成残余压力或介质意外释放，伤人
措施及改进建议： 与施工人员、管理人员交流，要求完善操作规程并增加培训内容
被观察人数：5　　不安全行为人数：1　　不安全问题数：1
报告人：张凯　　单位/部门：动力部技术一科

行为观察记录表

观察的步骤：观察—表扬—讨论—达成共识—启发—感谢

Ⅰ—员工的反应

☐ 调整个人防护用品
☐ 改变原来的位置
☐ 重新安排工作
☐ 停止或离开作业
☐ 接上地线
☐ 上锁挂牌
☐ 其他

Ⅱ—员工的位置

☐ 高处或临边
☐ 运转设备旁
☐ 起吊物下
☐ 物料易喷出、挥发处
☐ 作业空间狭窄或受限
☐ 警戒区内
☐ 接触有毒有害物质
☐ 绊倒或滑倒
☐ 不合理的姿势
☐ 照明不良
☐ 噪声
☐ 其他

Ⅲ—个人防护用品

☐ 安全帽
☐ 护目镜或面罩
☐ 听力护具
☐ 呼吸护具
☐ 防护手套
☐ 防护服
☐ 安全带
☐ 防护鞋
☐ 其他

Ⅳ—工具和设备

☐ 使用不合适的工具和设备
☑ 使用方法不正确
☐ 工具和设备不完好
☐ 使用手代替工具操作
☐ 其他

Ⅴ—程序与秩序

☑ 程序或规程没有建立
☐ 程序或规程不适用
☐ 程序或规程员工不知道或不理解
☐ 程序或规程未被执行
☐ 工作场所整洁规范
☐ 材料或工具摆放适当
☐ 交叉作业合理有序
☐ 其他

行为观察结果的分析与改进

一、行为观察统计分析应用流程

1. 行为观察卡片收集与统计

1）行为观察卡片收集

行为观察卡片的收集分为直线管理人员收集与安全管理人员收集两种类型。直线管理人员到被观察单位进行行为观察之后，将填写完整的行为观察卡片留在被观察单位，由其安全管理人员统一收集，定期上报相应级别的安全管理部门进行统计分析。专职安全管理人员到属地单位进行行为观察之后，将填写完整的行为观察卡片交到属地单位的安全管理部门。

2）行为观察卡片统计

（1）安全绩效指数。为了将行为观察的结果量化，我们可以将行为观察结果转化为安全绩效指数（Safety Performance Index，SPI），将此结果在展示板上进行公示，让员工看到自己的安全表现，这是国内外很多企业普遍采用的激励安全绩效办法。它是将不安全行为/不安全状态（UA/UC）依其严重度加以量化，比如，轻微的1/3分，中度的1分，严重的3分，分别乘以观察到的不安全行为与不安全状态的数目，即得总分数，再除以当月观察到的总人数以求得不安全绩效指数。安全绩效指数是以100减去不安全绩效指数，如下式：

$$SPI=100-\frac{\text{当月观察到不安全行为的总分数}}{\text{当月观察到的总人数}}\times 100$$

安全绩效提供的信息是：人员（包括员工与承包商员工）遵守安全规定（安全规则、标准作业程序等）的频率高低。当安全绩效指数较低时，表示这个工厂的人员的行为有很高的频率是不遵守安全规定的，该工厂的伤害或事故频率会很高；反之，则较低。因为统计资料表明，85%的伤害是人的不安全行为的结果。

（2）安全指数图。第三章我们曾经介绍了安全指数曲线，是讲观察前，安全观察小组成员要熟悉现场的操作规程或标准，观察小组成员还要选择适当的观察周期和试验周期。观察周期最好以周为单位，30 周为一个试验周期。

下例中，该企业选择的观察周期为一个月，试验周期为一年。选择上一年的 10、11、12 月份连续 3 个月的平均安全指数为 50%，作为下一年的安全指数基线。

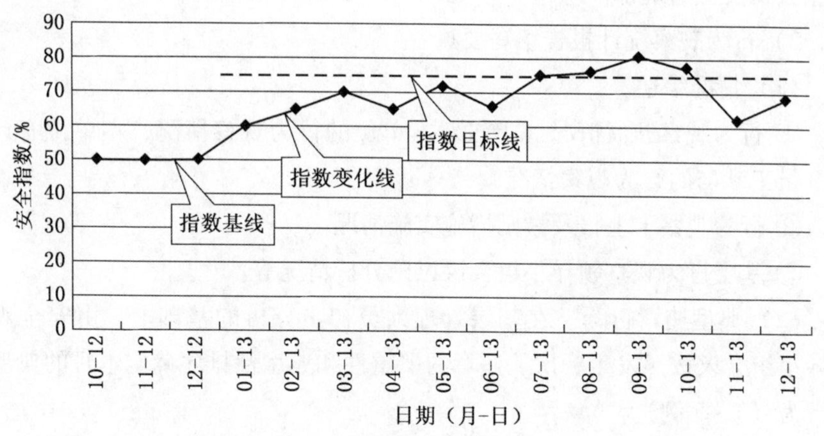

安全指数图示例

行为观察结果的统计分析要点

◆对所有的行为观察与沟通信息和数据进行统计分析。

◆统计所有行为或某一项行为所占比例。

◆分析统计结果（所有行为或某一项行为）的变化趋势。

◆不安全行为和事件相互关系分析，设立安全警戒线。

◆根据统计结果比例和变化趋势提出安全工作的改进建议。

2. 行为观察统计报告

1）行为观察统计报告上报流程

行为观察卡片收集完成后，直线管理人员或安全管理人员要填写行为观察统计报告。

行为观察报告分三级统计上报。基层班组或作业区（系）的管理人员将本单位的行为观察报告做初步统计分析，上报二级单位（分厂）的安全科；二级单位（分厂）安全科指定专人组织本单位的行为观察统计分析，上报公司安全管理部。

2）行为观察统计报告填写要点

（1）情况综述。

① 行为观察开展情况（上级对本单位的行为观察情况、本单位有计划以及员工参与的行为观察情况）。

② 行为观察卡上报及激励措施实施情况。

③ 基层行为观察领导小组会议讨论分析情况等。

（2）典型违章行为。在基层管理人员初步分析的基础上，由安全观察领导小组会议按照发生频次、违章的严重性和典型性排序确定本月的典型违章行为（3～5例）。

（3）问题分析处理。由基层行为观察领导小组会议对典型违章行为进行原因分析，提出具体的纠正措施，并落实到实施人。

（4）改进建议与措施。结合作业区（工段或系）观察中提出的有价值的改进建议，进一步从管理的角度提出综合性的改进建议和措施。

（5）行为观察统计表。行为观察的七项（或五项）内容分类统计推荐安全行为、不安全行为、不安全状态、未遂（虚惊）事件以及可能造成的后果严重度的比例。

3）行为观察统计报告的注意事项

（1）实事求是，切忌弄虚作假。

（2）选题要对路，切忌答非所问。

（3）报告要适时，切忌雨后送伞。

（4）要纵观全局，切忌片面性。

（5）要突出重点，切忌面面俱到。

（6）建议要有可操作性，切忌似是而非。

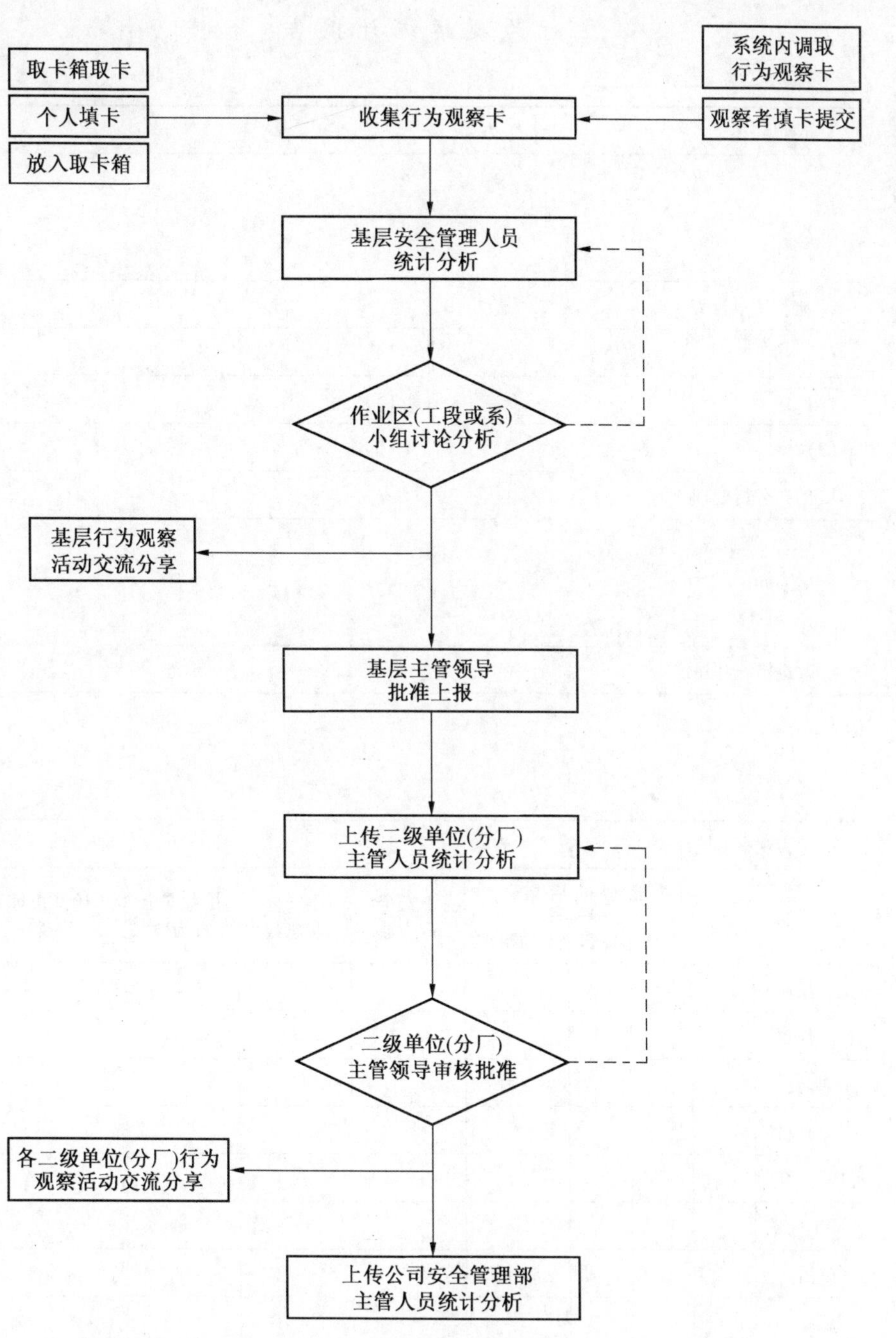

行为观察统计报告上报流程

行 为 观 察 统 计 报 告

单位：________________

1. 情况综述

2. 典型违章行为

(1)		(4)	
(2)		(5)	
(3)		(6)	

3. 问题分析处理

4. 改进措施和建议

5. 行为观察卡统计表

观察资料	可能造成的后果				不安全行为数	不安全状态数	推荐安全行为数	未遂（虚惊）事件
	死亡	重伤	轻伤	其他事故				
员工反应								
员工位置								
个人防护								
工具与设备								
程序与秩序								
人体工效学								
整洁								
总计								

填表人：　　　　　　　　审批人：　　　　　　　　报告日期：

行为观察统计报告示例

单位：××分厂模具保全作业区

1. 情况综述

10月份主要针对新产品模具制作、模具维修项目、起重作业、焊接作业等作业现场进行了行为观察，共收集行为观察卡157份，被观察人员150人。经过行为观察领导小组对观察情况进行统计分析，推荐上报优秀行为观察卡7份，推荐上报“优秀观察员”3人。

利用作业区行为观察例会、班组周安全活动、班前会等形式开展了全员的行为观察统计分析情况的交流分享，同时根据分析结果，确定了下月重点作业活动及人员

2. 典型违章行为

（1）	模具制作现场，行车起吊模具翻转过程中，吊物下有人站立
（2）	一名员工更换砂轮时没有切断电源
（3）	一名焊工焊接作业时没有戴面罩

3. 问题分析处理

（1）针对起重作业吊装的不安全行为，观察人员直接与当事人进行了讨论和沟通，当事人深刻认识到此行为的危害。同时对现场管理人员进行了教育，全员分析了吊装作业过程中易发生的违章及其危害，并认识到监护工作的极端重要性。

（2）针对更换砂轮没有断开电源的行为，当时现场观察人员立即叫停了作业并立即断开电源。观察人员与操作者进行了讨论与沟通，操作者认识到了图省事心理的危害和一旦误操作误送电的伤害风险。

（3）针对必须穿戴劳保用品而忽视其使用的不安全行为，观察人员与操作者进行了讨论与沟通，操作者认识到了焊接过程中未按要求穿戴劳保用品的危害

4. 改进措施和建议

（1）针对起重作业吊装的不安全行为，一是组织员工进行培训；二是作业前开展危险预知活动；三是严格落实现场监护职责，及时发现和纠正不安全行为。

（2）针对更换砂轮片没有断开电源的行为，一是组织操作者学习砂轮作业安全操作规程，理解并掌握相关规定；二是强化现场监护职责，及时发现并制止违章行为。

（3）针对必须穿戴劳保用品而忽视其使用的不安全行为，一是开工前开展危险预知活动；二是加强互保联保制度的落实；三是严格落实现场监护职责，及时发现和纠正不安全行为

5. 行为观察卡统计表

观察资料	可能造成的后果				不安全行为数	不安全状态数	推荐安全行为数	未遂（虚惊）事件
	死亡	重伤	轻伤	其他事故				
员工反应			2		12	5	2	
员工位置		2	6		24	7	2	
个人防护		1	3		42	6	5	
工具与设备		1	4		21	7	3	
程序与秩序		1	6		27	10	1	

（续）

观察资料	可能造成的后果				不安全行为数	不安全状态数	推荐安全行为数	未遂（虚惊）事件
	死亡	重伤	轻伤	其他事故				
人体工效学								
整洁								
总计		5	21		126	35	13	

填表人：××× 审批人：××× 报告日期：2015 年 6 月 25 日

二、几种常用的统计分析方法

统计分析方法以数学为基础，具有严密的结构，需要遵循特定的程序和规范。统计分析方法从现实情境中收集数据，通过次数、频率等直观、浅显的量化数字及简明的图表表现出来，从而提示和洞察其规律。行为观察与沟通的统计分析可以按照分层级、分类别、分区域等多种方式进行，常用的统计分析方法有检查表、排列图、折线图、饼图等。

1. 检查表

1）检查表定义

检查表是使用简单易于了解的标准化图形，人员只需填入规定的检查记号，再加以统计汇整其数据，即可供量化分析或比对检查用，此种表格也称为点检表或查核表。以简单的数据，用容易理解的方式，制成图形或表格，必要时记上检查记号，并加以统计整理，可作进一步分析或核对检查用。

2）使用目的

系统地收集资料、积累信息、确认事实并可对数据进行粗略的整理和分析。也就是确认有与没有或者该做的是否完成（检查是否有遗漏）。

3）分类

一般而言，检查表可依其工作的目的或种类分为点检用及记录用两种。

（1）点检用检查表。在设计时即已定义使用时只做是非或选择的注记，其主要功用在于确认作业执行、设备仪器保养维护的实施状况或为预防事故发生，以确保使用时安全用。此类检查表主要是确认检核作业过程中的状况，以防止作业疏忽或遗漏，例如教育训练检查表、设备保养检查表、行车前车况检查表等。

（2）记录用检查表。此类检查表是用来搜集计划资料，应用于安全行为和不安全行为的记录，是将数据分为数个项目别，以符号、划记或数字记录的表格或图形。由于常用于作业观察项目的记录，故也称为安全观察改善用检查表。

4）用途

（1）有效解决问题：依据事实收集资料。

（2）避免“观察”与“分析”同时进行。

（3）以“记录”代替“记忆”使观察深入。

（4）避免收集资料时，渗入情绪文字叙述等不具体明确因素。

5）制作步骤

（1）决定检查的项目。

（2）决定检查的频率。

（3）决定检查的人员及方法。

（4）相关条件的记录方式，如作业场所、日期、工程等。

（5）决定检查表格式（图形或表格）。

（6）决定检查记录的符号，如：正、+、△、*、○等。

6）注意事项

（1）应尽量取得分层的信息。

（2）应尽量简便地取得数据。

（3）应立即与措施结合；应事先规定对什么样的数据发出警告、停止生产或向上级报告。

（4）检查项目如果是很久以前制定现已不适用的，必须重新研究和修订。

7）适用范围

（1）选择小团队活动课题。

（2）小团队活动现状调查。

（3）为应用排列图、饼图等工具、方法做前提性的工作。

（4）为寻找解决问题的原因、对策，广泛征求意见。

（5）为检查行为观察与沟通的效果或总结改善的结果收集信息资料。

8）应用方法

（1）明确收集资料的目的和所需收集的资料。

（2）确定负责人和对资料的分析方法。

（3）决定所要设计的表格形式。

（4）决定记录的形式。选择“○”“×”“㊣”“□”“△”等记号中的适当者记入。

（5）决定收集的方法。由谁收集、收集的周期、检查时间、检查方法、检查数等均应决定好。

（6）记入记号并整理成次数分配表。能直观地看出全体的形态，并能兼有收集情报与解析的功能。

强制循环轴流泵（点检用检查表示例）

单位：动力部　　　　　　　　　　　　　　　　　　　　填表人：王凯

序号	点检部位	点检项目	点检内容	点检周期	9月3日	9月10日	9月17日	9月24日	10月8日	10月15日	10月22日	10月29日
1	电动机	温度	＜75℃	1周	○	○	○	○	○	○	○	○
		轴承	无松动卡滞声，端盖＜65 ℃	6个月	○							
2	联轴器	梅花盘有无损坏	无损坏现象	1周	○	○	○	○	○	○	○	×
3	泵体	轴承	无异响	6个月	○							
		轴承温度	＜75 ℃	1周	○	○	○	×	○	○	○	○
		叶轮	磨损＜原量30%	3个月					○			
		泵体	无严重渗漏现象	1周	○	○	○	○	○	○	×	○
4	进、出口	漏水	无严重漏水现象	1周	○	○	○	○	○	○	○	○
	管道				○	○	○	○	○	○	○	○

异常情况简要说明：

1. 10月29日点检发现联轴器梅花盘磨损严重，机修班已于21点修复，现设备运行正常。

2. 10月22日发现泵体有轻微漏油，经机修班检查发现油封损坏，机修班已于下午5时更换完成，现设备运行正常。

3. 9月24日二班点检发现轴承温度80 ℃，经机修班检查发现轴承保持架烧毁，机修班已于9月25日3时更换完成

注：点检项目○为正常；×为异常。

设备检修作业行为观察检查表（记录用检查表示例）

观察区域： 观察时间：

观察类别	观　察　项　目	安全行为	不安全行为
员工行为	是否有员工及时调整个人防护用品		
	是否有员工收拾工具或整理现场		
	是否有员工遮掩当前操作或找借口，借故离开		
	是否有员工重新更换操作方式		
员工的位置	有无触电的可能（设备配电盘电线裸露）		
	有无被设备夹伤、砸伤、刮伤的可能		
	有无踩空、坠落的可能		
	有无滑倒、绊倒致使摔伤的可能		
	有无使用工具时滑脱导致伤害的可能		
	起吊工件时有无砸伤撞伤的可能		
	有无烫伤、烧伤的可能		
	高温或密闭空间操作时是否有通风设施		
	作业区域防护设施是否完好		
工具与设备	工具是否安全完好，并适合本次作业		
	是否正确使用工具		
	消防、应急物资是否按要求具备		
人员的防护	是否按规定要求穿戴工作服、劳保鞋（工作服系好纽扣，劳保鞋无踩踏现象）		
	是否按要求戴防尘口罩、防护眼镜		
	工作时，是否按要求戴防护手套		
	在噪声区工作，是否按要求戴耳塞		
	是否按要求佩戴安全帽（系安全帽带）		
	高处作业时有无系安全带、系法是否规范		
程序	是否停电挂牌		
	有无搭建作业平台		
	是否有相关安全操作规程，规程是否合适		
	操作人员是否按安全操作规程作业		
	是否是危险作业，危险作业是否办理了申请许可手续		

（续）

观察类别	观　察　项　目	安全行为	不安全行为
程序	员工对所检修设备及作业程序是否了解		
	特种作业是否持证上岗		
	人员配合是否协调得当		
	维修机器时是否配挂状态警示牌并有专人监护		
	作业过程中是否有从高处抛掷物品及工器具现象		
人体工效学	各工位有无长时间重复作业		
	作业姿势是否合理		
	照明是否合适		
	搬运的工件是否过重		
	是否因工作环境所限，被迫长时间保持同一姿势		
整洁	设备、工器具、辅助设施及各种物料摆放是否有序		
	物料、工器具摆放是否稳当		
	现场油污，积灰、积水是否清理，是否干净整洁		
	人员通道是否畅通		

观察者：

2. 排列图

1）排列图概述

排列图又称帕累托（柏拉）图，由此图的发明者19世纪意大利经济学家帕累托（Pareto）而得名，是为寻找主要问题或影响质量的主要原因所使用的图。它是由两个纵坐标、一个横坐标、几个按高低顺序依次排列的长方形和一条累计百分比折线所组成的图。

2）排列图的用途

（1）按重要性顺序显示出每个质量（安全、成本、库存等）待改进项目以及整个质量（安全、成本、库存等）问题。

（2）识别进行质量（安全、成本、库存等）改进的机会。

（3）在工程质量（安全、成本、库存等）统计分析方法中，寻找影响质量（安全、成本、库存等）主次因素的方法。

3）排列图的结构

排列图用双直角坐标系表示，左边纵坐标表示次数或数量，右边纵坐标表示比例，分析线表示累积比例，横坐标表示影响质量（安全、成本、库存等）的各项因素，按影响程度的大小（即出现次数多少）从左到右排列。通过对排列图的观察分析可以抓住影响质量的主要因素。

4）分析步骤

（1）将要处置的事，以状况（现象）或原因加以分别。

（2）左纵轴表示问题发生的次数（频次或金额），右纵轴表示问题累积比例。

（3）决定搜集资料的期间，自何时至何时，作为柏拉图资料的依据。

（4）各专案依照频次大小顺位从左至右排列在横轴上。

（5）绘上柱状图。

（6）连接累积曲线。

二八定律

1897 年，意大利经济学者帕累托偶然注意到 19 世纪英国人的财富和收益模式。在调查取样中，发现大部分的财富流向了少数人手里。同时，他还从早期的资料中发现，在其他的国家，都有这种微妙关系，而且在数学上呈现出一种稳定的关系。于是，帕累托从大量具体的事实中发现：社会上 20% 的人占有 80% 的社会财富，即：财富在人口中的分配是不平衡的。

同时，人们还发现生活中存在许多不平衡的现象。因此，二八定律成了这种不平等关系的简称，不管结果是不是恰好为 80% 和 20%（从统计学上来说，精确的 80% 和 20% 出现的概率很小）。习惯上，二八定律讨论的是顶端的 20%，而非底部的 80%。人们所采用的二八定律，是一种量化的实证法，用以计量投入和产出之间可能存在的关系。

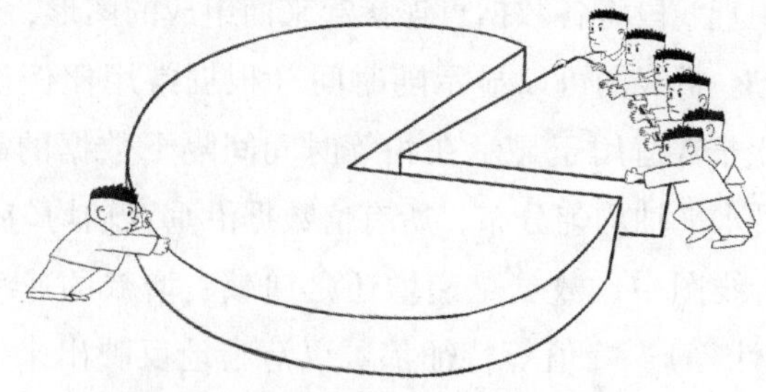

20%的事决定80%的成果
20%的客户决定80%的利润
20%的产品带来80%的绩效
20%的员工创造80%的业绩
20%的项目决定作业80%的风险

二八定律

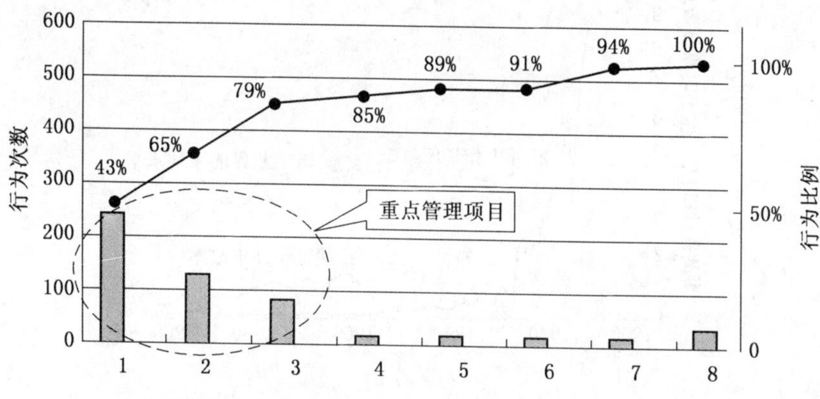

1—使用不安全设备；2—造成安全装置失效；3—冒险进入危险场所；4—机器运转时作业；
5—忽视使用劳保用品；6—操作失误忽视安全；7—物体存放不当；8—其他

人的不安全行为排列图示例

3. 折线图

1）折线图简介

折线图是用直线段将各数据点连接起来而组成的图形，以折线方式显示数据的变化趋势。折线图可以显示随时间（根据常用比例设置）而变化的连续数据，因此非常适用于显示在相等时间间隔下数据的趋势。在折线图中，类别数据沿水平轴均匀分布，所有值数据沿垂直轴均匀分布。

另外，在折线图中，数据是递增还是递减、增减的速率、增减的规律（周期性、螺旋性等）、峰值等特征都可以清晰地反映出来。所以，折线图常用来分析数据随时间变化的趋势，也可用来分析多组数据随时间变化的相互作用和相互影响。例如可用来分析生产现场操作者随时间变化不安全行为的发生情况，从而进一步预测未来的安全情况。在折线图中，一般水平轴（x 轴）用来表示时间的推移，并且间隔相同；而垂直轴（y 轴）代表不同时刻的数据的大小。

2）折线图的特点

折线图的特点是反映事物在一段时间内的趋势，如时间—事故曲线。

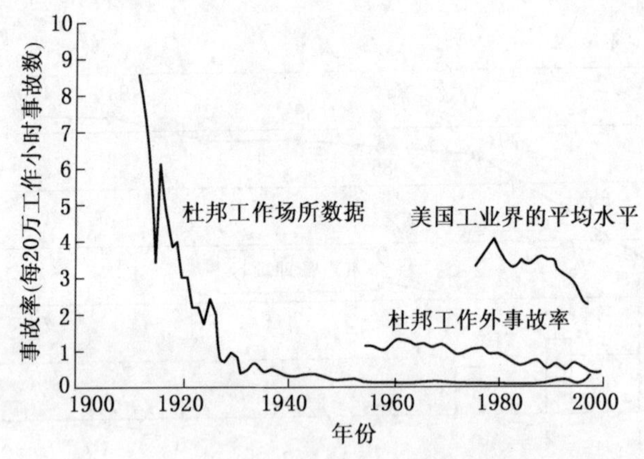

注：1. 1914—1918 年事故率的上升反映了第一次世界大战期间杜邦超常规扩大生产以及大量使用新工人带来的结果。

2. 类似的情况也发生在第二次世界大战期间，但相比一战时期要好得多。

3. 从 1998 年开始将人机功效的数据包含在统计数据中。

杜邦安全业绩折线图（1912—2000 年）

4. 饼图

1）饼图介绍

饼图也称饼分图、饼状图，是以二维或三维格式显示每一数值相对于总数值的大小。

仅排列在工作表的一列或一行中的数据可以绘制到饼图中。饼图显示一个数据系列（数据系列：在图表中绘制的相关数据点，这些数据源自数据表的行或列。图表中的每个数据系列具有唯一的颜色或图案并且在图表的图例中表示。可以在图表中绘制一个或多个数据系列。饼图只有一个数据系列）中各项的大小与各项的比例。饼图中的数据点（数据点：在图表中绘制的单个值，这些值由条形、柱形、折线、饼图或圆环图的扇面、圆点和其他被称为数据标记的图形表示。相同颜色的数据标记组成一个数据系列）显示为整个饼图的百分比。

2）饼图的使用要求

（1）仅有一个要绘制的数据系列。

（2）要绘制的数值没有负值。

（3）要绘制的数值几乎没有零值。

（4）类别数目无限制。

（5）各类别分别代表整个饼图的一部分。

（6）各个部分需要标注百分比。

3）饼图的基本类型

（1）饼图和三维饼图。饼图以二维或三维格式显示每一数值相对于总数值的大小。

（2）复合饼图。复合饼图显示将用户定义的数值从主饼图中提取并组合到第二个饼图。如果要使主饼图中的小扇面更易于查看，这种类型非常有用。

4）饼图应用示例

在工作中如果遇到需要计算人的不安全行为或物的不安全状态的各个部分构成比例的情况，一般都是通过各个部分与总体相除来计算，而且这种比例表示方法很抽象，我们可以使用一种饼形图表工具，直接以图形的方式显示各个组成部分所占的比例。

管理缺陷原因分析一览表（示例）

序　号	管 理 原 因	二 层 次 原 因	所占比例/%
1	技术和设计有缺陷	—	33
2	教育培训不充分	新员工培训不充分	11
		班组长不充分	10
		车间主任不充分	8
3	劳动组织不合理	—	5
4	检查指导错误	—	9
5	操作规程不健全	—	17
6	事故隐患整改不力	—	7
合　计			100

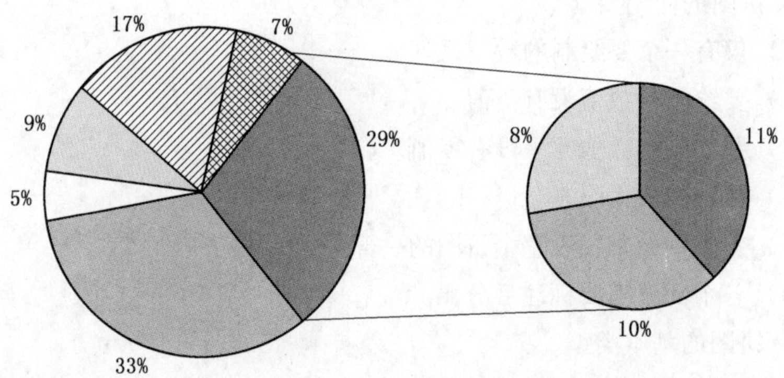

管理缺陷饼图（示例）

三、持续改进

1. 持续改进的内容与措施

1）持续改进的内容

依据统计分析结果，就可以实施持续改进措施。企业现场要优先解决统计分析出的占 80% 的关键不安全行为。问题整改要从根本上进行解决。其中的管理原因按照 GB6441 标准主要从六方面进行分析：技术和设计有缺陷、教育培训不充分、劳动组织不合理、对生产现场缺乏检查或指导错误、安全操作规程不健全、事故隐患整改不力等，分析出问题原因后就要有针对性地提出改进措施。

2）持续改进的措施

为了保证不但在问题发现部门进行整改，也要在企业的全部范围内进行改进，问题整改应从四个方面考虑：

（1）工程技术改造确保本质安全，如隐患治理、检维修、技术改造等。

（2）完善程序和操作规程，如在设计管理程序中增加人机工程审核的要求、修改操作规程等。

（3）培训沟通，如对工程管理人员培训脚手架知识、告知承包商工艺危害等。

（4）监督考核。对于员工抄近道、走捷径、减少安全操作步骤等现象除了培训沟通外，还要加强监督考核力度。

非施工人员高处作业不系安全带

某施工企业通过行为观察发现非施工人员高处作业不系安全带的比例很高，如设备设计安装人员、工艺技术人员等。经过沟通了解，主要原因有：

(1) 技术人员接受高处作业的安全培训较少，不清楚2米以上就是高处作业。

(2) 技术人员认为很快就会结束工作，不会有问题，存在侥幸心理。

(3) 设备设计安装人员到现场处理问题一般情况比较急，也不会系安全带。

针对这些原因，安全部门采取几方面的措施：

(1) 对技术人员进行培训，培训内容包括高处作业制度和事故案例分析等，提高了技术人员的安全意识。

(2) 在控制室放置安全带，便于技术人员取用。

这些措施实施后，非施工人员高处作业不系安全带的现象大大减少。

行为观察与沟通——非施工人员高处作业要系安全带

行为安全管理与沟通持续改进实施六要素

（1）领导承诺在时间、培训、资金等各方面给予支持并推进。

（2）高度参与：策划设计、培训、观察、反馈、持续改进过程都需要全员认同并参与。

（3）培训体系：筹划委员会、管理层、观察指导员、员工等每层级拥有一套有针对性的培训课程。

（4）测量系统：观察+量化；对每个行为测量、记录；分析量化，寻求改进措施。对每个执行阶段评估。

（5）根源分析：运用ABC行为分析方法，对不安全行为进行深入分析和修正，从根本上排除不安全行为。

（6）观察反馈：制定行为基线，观察记录不安全行为，为分析、测评提供依据。通过反馈、高效沟通，改变前因及结果对行为的影响，修正不安全行为。

2. ABC 行为矫正方法

对于统计分析出的关键不安全行为，如果某些员工的态度有问题，应如何整改？国际上通用的行为矫正理论——ABC 理论可用于员工的行为分析。行为矫正的核心要素是行为的 ABC 模型，即为前因（A）、行为（B）和后果（C）。ABC 模型明确说明，行为由一系列前因（先于行为之前，且与之构成因果关系）触发，伴随着增加或减少该行为重复可能性的后果（个体行为的结果）。前因是必要的，但不是行为发生的充分条件，后果解释的是人们为何继续采取某种行为。

高噪声作业应用 ABC 行为矫正方法改善

某汽车零部件厂压铸车间给员工配备了耳塞，噪声区悬挂“戴耳塞”的安全标识，但是很少有人佩戴。应用 ABC 理论分析查找原因和改进的方法见下表。

行为分析表

前因（A）	行为（B）	后果（C）
（1）作业时戴耳塞很热。 （2）忘记戴。 （3）戴上听不见对讲机讲话。 （4）戴上无法听泵的声音	员工作业中不戴耳塞	（1）短时间没有发现听力有问题。 （2）作业顺利完成。 （3）没有人考核

通过分析，要促进员工作业时佩戴耳塞，应针对前因和后果采取措施：

（1）针对前因采取的措施：

① 选择合适的耳塞或耳罩。

② 选用与安全帽连在一起的耳塞，员工只要戴安全帽，就不会出现忘记戴耳塞的现象。

③ 高噪声岗位配备戴耳塞的对讲机。

（2）针对后果采取的措施：

① 让听力下降的员工现身说法，给现场作业员工培训。

② 将佩戴耳塞列入日常检查和考核中。

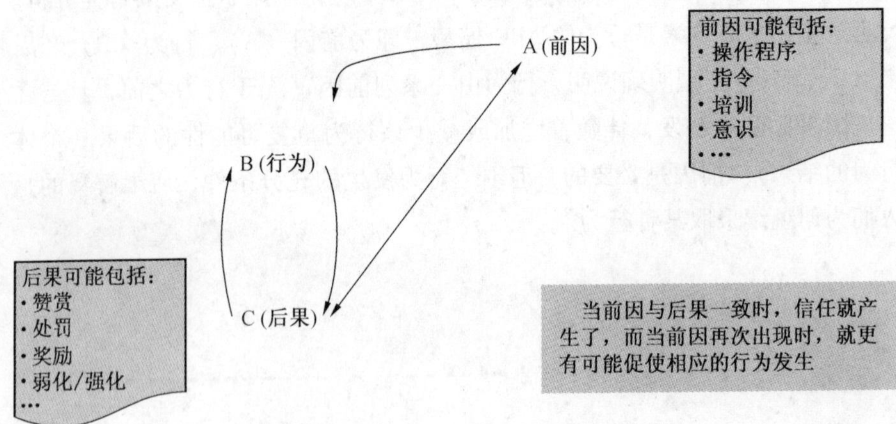

ABC 行为矫正方法模型

伍

高效沟通技巧提升

一、沟通概述

1. 沟通定义

所谓沟通是为了设定的目标，把信息、思想和情感在个人或群体间传递，并形成共同协议的过程。

2. 沟通关键

有的管理者喜欢有事就大嗓门地命令下属去干。他们认为只有雷厉风行才能产生最佳效果，但是，这样反倒使下属失去了积极性和创造性而成为只会办事的机器。

要吩咐下属去办一件事，命令的方式是不可少的，特别是在紧急的情况下，但更多的时候，最好还是以商量的方式。

一些领导人颐指气使，有事就大嗓门地命令下属去干。命令别人去干事的时候也不看人家的意见如何，反正一句话："做了再说!"

一般来说这样的领导比较有能力，在下达命令之前通常都是经过一番深思熟虑的。久而久之，下属对领导产生了信任，就会什么都不问，照领导说的去做，这样反倒失去了积极性和创造性，而成为一台只会办事的机器。而有些下属，面对领导铺天盖地的命令，连问一句为什么的机会都没有，自己想不通当然也就不愿意去做。不愿意做的事要被迫去做是很难做好的。

如果采用商量的方式，下属就会把心中的想法讲出来，如果领导认为说得有道理，就不妨说："我明白了，你说得很有道理，关于这一点，你看这样行不行?"诸如此类，一面吸收对方的想法和建议，一面推进工作。下属觉得自己的意见被采用了，自然就会把这件事当作自己的事去认真做了。另外，领导要下属去干一件事时，也可以给下属描绘一个美好的前景，使他们更愿意去做。

沟通使福特走出困境

20 世纪 70 年代到 90 年代，日本汽车大举打入美国市场，势如破竹。1978—1982 年，福特汽车销量每年下降 47%。1980 年出现了 34 年来第一次亏损，这也是当年美国企业史上最大的亏损。

1980—1982 年，三年亏损总额达 33 亿美元。与此同时工会也是福特公司面临的一大难题，十多年前，工会工人举行了一次罢工，使当时的生产完全陷入瘫痪状态。面对这两大压力，福特公司却在 5 年内扭转了局势。原因是从 1982 年开始，福特公司在管理层大量裁员，并且在生产、工程、设备及产品设计等几个方面都进行了突破性改革，加强内部的合作性和投入。

鉴于福特员工一向与管理层处于对立状态，对管理层极为不信任，因而公司管理层把努力团结工会作为主要目标，经过数年努力，将工会由对立面转为联手人，化敌为友，终于使福特有了大转机。

技巧、态度、知识、文化背景

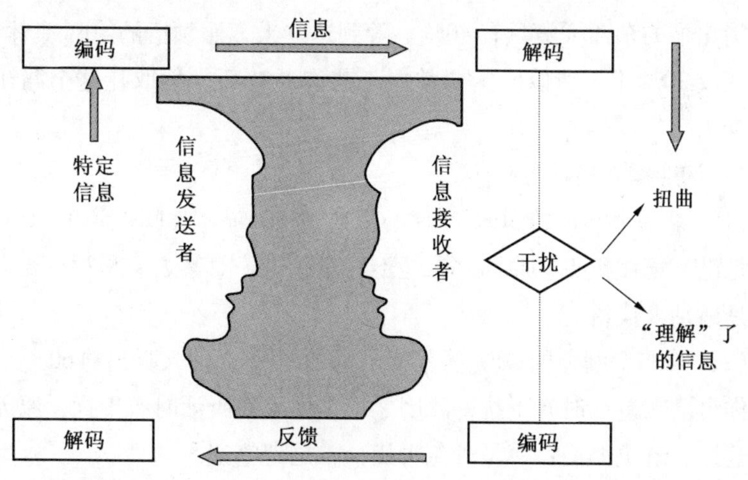

沟通模式示意图

沟通的原理

◆沟通的目的——你的想法、观念等让对方了解、接受。
◆沟通的原则——多赢或双赢。
◆沟通应达到的效果——沟通过程当中对方感觉良好。
◆沟通三要素（沟通靠什么）——文字、语调、肢体动作。哪一个重要？
◆沟通要注意——多听少说。

3. 沟通漏斗

1）沟通漏斗概述

沟通漏斗呈现的是一种由上至下逐渐减少的趋势，因为漏斗的特性就在于“漏”。对沟通者来说，如果他心里想的是 100% 的东西，当他在众人面前、在开会的场合用语言表达心里 100% 的东西时，这些东西已经漏掉了 20%，说出来的只剩下 80% 了。而当这 80% 的东西进入别人的耳朵时，由于文化水平、知识背景等关系，只存活了 60%。实际上，真正被别人理解了、消化了的东西大概只有 40%。等到这些人遵照领悟的 40% 具体行动时，已经变成 20% 了。所以一定要掌握一些沟通技巧，争取让这个漏斗漏得越来越少。

2）沟通漏斗解决办法

（1）第一个漏掉的 20%（你心里想的 100%，你嘴上说的 80%）原因之一是没有记住重点；原因之二是不好意思讲。对策之一是写下要点；对策之二是请别人代讲。

（2）第二个漏掉的 20%（你嘴上说的 80%，别人听到的 60%）原因之一是你自己在讲话时有干扰；原因之二是他人在听话时有干扰；原因之三是没有笔记。解决办法：一是避免干扰；二是记笔记。

（3）第三个漏掉的 20%（别人听到的 60%，别人听懂的 40%）原因是：不懂装懂。解决办法：一是质问；二是询问有没有其他想法。

（4）第四个漏掉的 20%（别人听懂的 40%，别人行动的 20%）原因之一是没有办法；原因之二是缺少监督。解决办法：一是明确具体办法；二是监督到位。

3）管理者的沟通技巧

知识是通过系统的教育，掌握的能够用嘴说出来或用笔写出来的内容。而技巧是什么呢？是一个人在工作中表现出来的行为和行动。更准确地说，就是一个人在工作中能够表现出来的习惯行为。对于很多人来说，从小接受教育，一直到参加工作，接受的大部分是知识教育，而对于技巧的教育非常缺乏。技巧就是运用知识的能力。这将是本章学习的重点——通过技巧训练克服沟通过程中存在的漏斗效应。

（1）尊重对方并表达你的真诚。

（2）认真倾听别人的谈话，听懂别人的想法。

（3）记住别人的姓名、职务或岗位。

（4）面带微笑。

（5）把赞美当作一种习惯。

（6）心平气和，避免不必要的争论。

（7）留心自己和对方的身体语言。

（8）能变通，求同存异，达成共识，解决问题的方案不止一个。

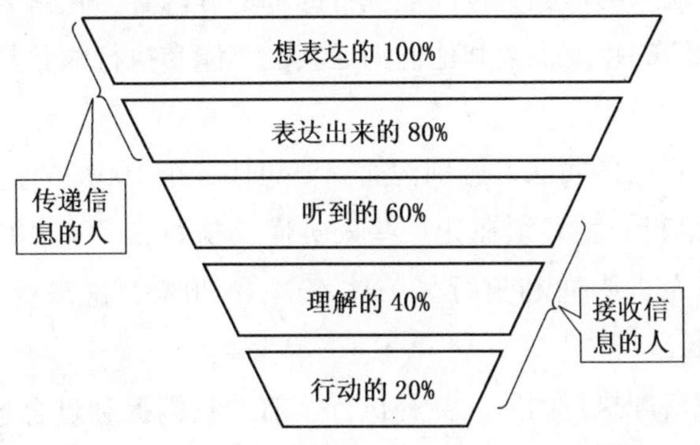

沟通漏斗示意图

伍 高效沟通技巧提升

"沟通漏斗"的启示

沟通不良，其实并不是讲述者的表达能力不好，也不是倾听者倾听时不专心，而是根据我们的沟通漏斗，一个人通常只能说出心中所想的80%，但对方听到的最多只能是60%，听懂的却只有40%，结果执行时，只有20%了。所以我们说了好多好多话，希望别人懂我们，但其实效果甚微。特别是在恋爱和友谊中，我们都以为我们的话被百分之百吸收，所以总是期望别人给予我们更多的回应，但往往会失望，失望之后我们便将这一责任全部归罪于他人，认为是他人不够在乎你，最后闹得不欢而散。

降低你的期望值，了解你的话语仅仅只有百分之二十被反作用于你身上，那便不会过分要求别人太多，自然失望也少了。

4. 团队沟通问题

团队中沟通问题，通常和大家所熟知的"沟通漏斗"有关。

当我们的指令就像手中所握的沙子般漏出的时候，最后的执行能好吗？当然不能！可是怎样才能解决这个问题呢？把沟通漏斗倒过来！

（1）站在团队成员的角度，着重沟通对方能听懂的 40% 和能执行的 20%。能听懂的部分不是只有 40% 吗？到执行的时候不是只剩下 20% 吗？行，现在我们就只沟通能听懂和能执行的那部分内容。化繁为简，换位下属的立场，从他们的角度，去和他们沟通其能听懂和执行的，其实是个明智而有效率的选择。

（2）了解自己的团队，区别沟通。要想让一个 100% 的指令或计划尽量得到 100% 的执行，就必须在让一些人听懂及执行某一个 40% 和 20% 的时候，有另一些人去听懂和执行另一些 40% 和 20%，这需要我们"因人而异""用人所长"。

（3）合理搭配执行团队，互补执行。前面我们提到过合理搭档的问题，其目的就是为了让执行团队的成员之间，能够在听懂和执行的事项上形成互补，能够在执行的意愿和态度上形成相互的促进。

（4）让团队了解自己，并辅以一定的管理。作为一名管理者，既要去了解自己的团队，也要努力地让团队了解自己。如果一个管理者，能够让团队成员清楚地了解到自己的行事风格、执行要求、效果检验标准等信息，团队成员们就会努力向自己所要求的方向上去靠。

对牛弹琴

战国时期，有一个大音乐家名叫公明仪，弹得一手好琴。他无论走到哪里，总是琴不离身，闲下来时，弹奏一曲，便觉得心神舒畅。有一天，他独自一个人在郊外散步，看见一头牛在那里吃草，觉得这头牛很寂寞，就开口对牛说道：老黄牛啊老黄牛，你真可怜啊，一个人在这里，也没人理你，不过，你不用怕，我给你弹一首曲子，给你解解闷儿。于是他放下琴，先弹了一支《清角之操》。牛只是低着头只管吃草，一点也不理会。公明仪失败了，他想了想明白了：那支曲调太高深了，不是牛听不到琴声，而是琴声不适合它的耳朵啊！于是他又另外弹了几支曲调，一会儿好像蚊子嗡嗡地叫，一会儿又好像小牛哞哞地叫。这样一弹，那头牛就摇着尾巴，竖起耳朵，草也不吃了，回转身子蹑着小步，慢慢地走来，留心地倾听。

“对牛弹琴”的启示

俗话有云“对牛弹琴”。许多的管理者总热衷于把有关某项指令或计划的所有事项一股脑地传达给自己的下属。殊不知自己的下属因为资历、理解能力、知识面及技能的局限性，根本就没有办法完全消化。现在，我们化繁为简，换位下属的立场，从他们的角度，去和他们沟通其能听懂和执行的，其实是个明智而有效率的选择。

二、沟通三要素——听、说、问

要形成一个双向的沟通，必须包括三个行为：听、说、问。换句话说，一个有效的沟通技巧就是由这三种行为组成的。考核一个人是否具备沟通技巧的时候，要看他这三种行为是否同时出现，并且这三者之间的比例是否协调。

1. 沟通三要素之一——听

沟通行为中比例最大的不是交谈、说话，而是倾听。沟通首先是倾听的艺术，耳朵是通向心灵的道路，会倾听的人到处都受到欢迎。

一位管理人员应该多听少讲，也许这就是上天为何赐予我们两只耳朵、一张嘴巴的缘故吧。

1）倾听的好处

（1）准确了解对方。

（2）弥补自身不足。

（3）善听才能善言。

（4）激发对方的谈话欲。

（5）使你发现说服对方的关键所在。

（6）使你获得友谊和信任。

2）倾听的目标

（1）像沟通对象一样思考。

（2）听不能只停留在表面，要听语词、听表情（语音、语调）、听体态（小动作）、听心情（愿望、意图）。

3）倾听的要点

（1）专心去听，不要随便打断对方的讲话。

（2）努力理解对方谈话的内容，不要急于评价他的优劣。

（3）如果不能理解，提出你的疑问。

（4）就算不同意对方的观点，也表示接受他（她）的情感和想法。

（5）通过总结复述对方的话检查自己的理解是否正确。

4）听的障碍

（1）对某些人存有偏见。

（2）对谈话的主题缺乏兴趣。

（3）想当然地假定对方要说的话。

（4）对主题和情形做出情绪化的反应。

（5）先入为主。

（6）急于表达自己的观点等。

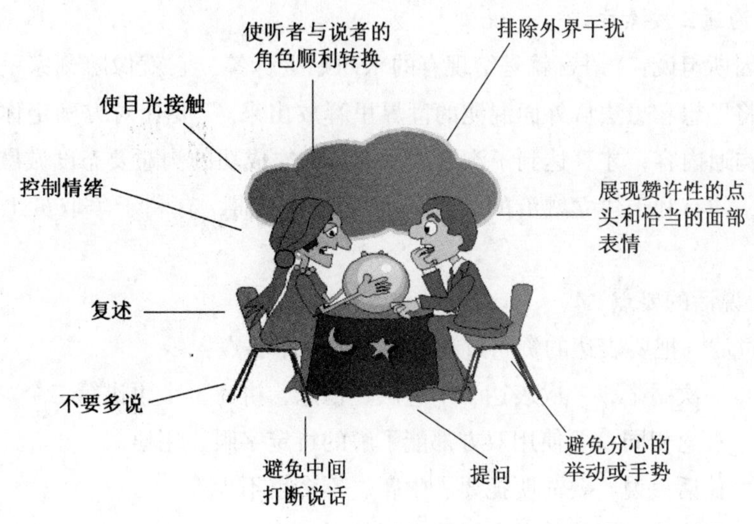

掌握有效的倾听技能

倾听的五个层次

倾听的层次	内容
心不在焉	看似在听，实际上心里在想其他与谈话内容毫无相关的事情，几乎没有注意对方所说的话
被动消极	竖起了耳朵，却没有敞开心扉，只是消极被动地听，常常造成误解
有选择性	对于自己感兴趣的话，会仔细听，而不合口味的东西统统屏蔽掉
认真专注	认真专注地听对方说话，专心致志注意对方，聆听对方的话语内容

（续）

倾听的层次	内　　容
设身处地	理解与积极主动地倾听对方，不仅专注对方的眼睛，也深入对方的内心，站在对方的角度

注：事实上，大概60%的人只能做到第一层次倾听，30%的人能够做到第二层次的倾听，15%的人能够做到第三层次的倾听，而第四层次水平以上的倾听最多5%的人能做到。管理者要成为优秀的倾听者，就要对员工所说的内容表示感兴趣，不断获得双赢的结果。

2. 沟通三要素之二——说

爱因斯坦说：“语言就是给现有的东西贴上标签，它就像雕刻家手中的凿子，将思想、想法从外面混沌的世界里释放出来。”要让对方确定你真正了解的沟通内容，才算达到了沟通的目的。一次成功的沟通要态度诚恳，语言亲切，才有利于建立融洽的关系，消除心理障碍，有利于争取员工的合作。

1）说话的要点

先过滤，把要表达的资料过滤，浓缩成几个要点：

（1）一次一个，一次表达一个想法、信息，讲完一个再讲第二个。

（2）观念相同，要使用双方都能了解的特定字眼、用语。

（3）长话短说，要简明扼要、中庸、不多也不少。

（4）要确认。要确认对方了解真正的意思。

（5）口头沟通时，多说些赞美别人的口头禅，如：“你好厉害哦！”“太棒了！”

2）说话者沟通的主要障碍

（1）用词错误，词不达意。

（2）咬文嚼字，过于啰唆。

（3）不善言辞，口齿不清。

（4）只要别人听自己的。

（5）对听者反应不灵敏等。

3）“三明治”说话法

口头沟通能力的好坏，决定了你工作、社交和个人的生活品质和效益。

要运用巧妙的导入策略和诱导技巧，围绕主题，突出重点，叙述清楚。从对方的利益角度出发，转化成对方的需求，要让别人乐意去做你所建议的事。说话的“三明治”结构：

（1）开场——引起对方的注意和兴趣，告诉对方你将说些什么。

（2）主体——具体告诉人们，让对方了解话中的意思。

（3）结论——告诉人们刚才说了什么，从而令其产生行动的意识。

4）谈话要留有余地

有时也要注意自己的谈话要预留余地，具有弹性，别将对方逼到死角。不妨采用引导式的谈话方式，启发员工思考，一起共同探讨。例如：“或许，我们可以试试别的方法？”

同时，还要注意自己的措辞，不讲带情绪的话，多讲就事论事的话；不讲讥笑的话，多讲赞美的话；多讲鼓励的话，少讲模棱两可的话；多讲语义明确的话；不讲破坏性的话，多讲建议性的话。同时，避免说些负面刺伤人的口头禅，多说些正面赞美别人的口头禅。

背景：某日，车间员工赵某在铁路线路进行验车作业，由于天气炎热和作业距离长，赵某感觉有些疲劳，所以走到有阴凉的某条线路铁轨上坐着。

通过两种说话方式的对比，突出通过安全行为观察与沟通后产生的效果。

以往的处理方法：

车间主任：哎，你在这做什么？

赵某：哦，主任，我有点累就找个地方休息会儿。

车间主任：哎，谁让你坐在这里？你知不知道铁轨上面不许坐人的啊？

赵某：主任我下次再也不敢了，以后我一定按照规定做。

车间主任：下次不敢，这次得罚。从你本月奖金中扣一百，让你长个记性（转身走开）。

赵某：我就坐在这儿，爱罚你就罚。

通过行为安全观察与沟通方式后的效果：

车间主任：哎，赵师傅休息呢，我看你们这个月车辆检修进度很快啊！

赵某：有进度就有奖金嘛！所以就快。

车间主任：噢，这倒是！哎，赵师傅你平时没有休息的地方吗？

赵某：我们平常都在车间规定的区域休息。

车间主任：哦，那你刚才坐在……

赵某：哦，我刚坐到铁轨上面了，是我违章了，我认识到错了。

车间主任：这个的确挺危险的，上次某车间出的伤亡事故，你也知道吧？那你们晚上呢？

赵某：我们晚上作业一般用信号灯作警示，休息也是回休息室才休息。

车间主任：行，那就好，以后注意安全，严格执行好咱们车辆检查作业时“一停、二看、三通过”的要求啊。

赵某：好的，主任您放心，我们以后一定按照规程去作业，安全作业。

车间主任：好，谢谢你了，打扰你工作了，你抓紧忙吧！

传统做法——以罚代管 员工逆反心理极大

行为观察与沟通法——为员工着想　员工欣然接受

观察普通员工（承包商员工）的常用话题举例

（1）您的岗位需要经过哪些安全培训？您接受培训了吗？

（2）您的工作区域内有哪些重大危险源？您的工作会涉及哪些风险？

（3）您安全工作中最担心的是哪一部分？为什么？

（4）您了解您的主管对您在安全方面有哪些期望吗？

（5）为什么会违反规章制度和程序？

（6）您是否发现一些规章和程序难以遵守和执行？为什么？

（7）您发现哪些工具或设备不易于使用，或者使用起来具有危险性？为什么？

（8）您的主管经常关注哪些安全问题？采取什么手段？

（9）您认为现场实际上是由谁在负责推行和维持良好安全表现的？

（10）您什么时候接受过相应的安全培训？培训的方式有哪些？您还需要哪些方面的培训？

（11）在您的工作中有没有采用过违背安全做法的捷径？您这样做的原因是什么？

（12）您曾经为安全措施、方法或者规章制度及程序的制定工作做过贡献吗？

（13）您针对安全问题提出过合理化建议吗？内容是什么？您的建议被采纳了吗？

（14）您如何评价您的主管组织的安全活动？

（15）您喜欢哪些安全活动？为什么？

（16）如果是您负责执行该安全工作，您将做出哪些改变？怎样改变？为什么？

（17）当您碰到安全问题时会向谁求助？

（18）在您的工作区域内，哪里最可能发生严重伤害事故？

（19）有关操作的哪些方面最易出现问题？

（20）是否参加过安全会议？这些会议值得开吗？它们提供双向沟通的机会吗？

3. 沟通三要素之三——问

1）询问的目的

询问和提问是非常重要的沟通行为，可以控制沟通方向，把握谈话的重点，进而实现谈话的目的。

提问不在多，而在于善问。提问是有目的的，拥有好的提问方式与技巧，可以很好地实现目的。

（1）建立人际关系：①打招呼；②引入话题。

（2）搜集信息：①询问事实；②咨询意见。

（3）引导对方：①让对方思考；②提醒对方注意。

（4）打动对方：①让对方感同身受；②和双方达成共识。

两种不同的结果

甲乙两个信徒都很爱吸烟！一天祈祷时，甲问神父：我祈祷时可以吸烟吗？

神父生气地回答：绝不可以！

乙问神父：我抽烟时可以祈祷吗？

神父和蔼地说：当然可以！

著名的“七加一法则”

如果你通过提问引导对方，使对方一直说：是的、我赞成、我了解、我同意及类似肯定语句，让他连续同意七次，通常在第八次问他时，他就会习惯性地同意。

2）询问的方式

“提问”是沟通过程中最尖锐的利器。提问时应考虑：问什么、怎样问。根据交谈的对象、内容和目的的不同，采取不同的提问方式。

（1）开放式问题和封闭式问题。要掌握提问技巧，必须区分问题的两种主要类型：开放式问题和封闭式问题。两种问题优劣比较见下表。

开放式问题与封闭式问题优劣比较一览表

类别	开放式问题	封闭式问题
定义	可以让讲话者提供充分的信息和细节	可以用一个词来回答，如：“是”或者“不是”
优势	搜集信息全面，谈话气氛轻松，提供一个强迫性思考的情景	寻求事实，简单明了，节省时间，带有引导性，利于控制谈话的方向
特点	利于收集信息，没有确定答案，时间较长，回答难度较大	澄清问题，梳理思路，控制方向，答案范围确定，避免漫无目的，避免啰嗦
风险	浪费时间，容易偏离方向，可能会使员工无所适从，倍感困难或乏力	信息有限，不能充分了解细节，气氛紧张，容易产生被盘问的感觉
示例	“说说你解决这个问题的方法。”“你觉得这样做会受到什么样的伤害？”	“你接受过这方面的培训吗？”“你知道这样做的危害吗？”

（2）请教式问题。在实际工作中，通常会把开放式和封闭式问题结合起来使用，两者结合成为请教式问题。它是以请教的口吻提出问题，有明确的方向，要求员工给予明确的解释，显得像请教而不像提问，这样可以营造良好、亲和的谈话气氛，可以轻松澄清问题，引起关注。以下问题就是很好的例子：“您刚才说的是……”“这样的操作会有什么风险呢？”“我刚才的问题，您有什么改善建议吗？”

（3）需要注意的几个问题。

① 少问为什么。尽量少问为什么，可以用其他的话代替，如“你能不

能说得更详细些?”这样对方感受会更好一些。

② 少问引导性的问题，如“你认为这样不对吗?”这样的问题会给对方留下不好的印象，也不利于收集信息。

③ 多重问题。就是一口气问了好多问题，对方不知道如何回答，这也同样不利于收集信息。

请教式问题——“将来我们如何能确保在较安全状况下做这项工作呢?”

场景：现场负责人正在做安全巡查，当他进入作业区时，一名员工正在使用电锯锯木板。

当现场负责人观察这位员工所使用的电锯时，发现电锯并未安装防护装置，立刻要求这位员工停下工作并关掉电锯。下面是现场负责人与员工的对话。

现场负责人：你在没有防护装置的状况下使用这台电锯，如果发生意外，会造成什

请教式问题

么伤害？

员工：我不确定，我猜想这块要锯的木板可能会反弹打到我或者我被锯片割伤。

现场负责人：没错！将来我们如何能在确保安全的状况下做这项工作呢？

员工：哦，我想我们需要较好的操作程序。这边有一本操作手册，手册中规定，当使用电锯时，应使用适当的防护设备。这对我们而言，没有什么作用。我们不经常使用这设备，当我们有一件急活儿着急干时，我认为只需要锯一下，所以就做了，手册上并没有说明使用什么防护设备以及如何安装。

现场负责人：您说得对！这操作手册应明确说明防护设备。也许我们也需要专门规定谁可以使用这个设备。我将和这边的其他人员讨论一下，您还有什么其他建议吗？

员工：没什么特别的。

现场负责人：如果您想到其他的方法可以使这项工作更安全，请让我知道，好吗？谢谢！

三、肢体语言、声音及空间的运用

1. 肢体语言概述

肢体语言又称身体语言，是指经由身体的各种动作，从而代替语言达到表情达意的沟通目的。广义言之，肢体语言也包括面部表情在内；狭义言之，肢体语言只包括身体与四肢所表达的意义。谈到由肢体表达情绪时，我们自然会想到很多惯用动作的含义。诸如鼓掌表示兴奋，顿足代表生气，搓手表示焦虑，垂头代表沮丧，摊手表示无奈，捶胸代表痛苦。当事人以此等肢体活动表达情绪，别人也可由之辨识出当事人用其肢体所表达的心境。

心理学家赫拉别恩曾经提出一个公式：信息传播总效果 = 7% 的语言 + 38% 语调语速 + 55% 的表情动作。可见，肢体语言是多么的不容忽视。

肢体语言往往是一个人下意识的举动，所以它很少有欺骗性。现实生活中通过观察和分析员工的肢体语言，总是能有效获知那些我们可能通过口头有声语言得不到的信息。

人人都具有运用肢体语言的能力，肢体语言具有简约沟通的特殊功能。肢体语言具有私密特征，在特定情景中具有别人难以理解的特殊含义。语言沟通是间断的，肢体语言的沟通是一个不停息、不间断的过程。

研究肢体语言，不仅在我们日常交往中有帮助，在我们的实际工作中也很有用处。这些隐秘的肢体语言无时无刻不在帮助我们收集有用的信息。让我们能准确地判断出对象的真实意图，从而与外界建立畅通无阻的沟通。

洞察肢体语言，可以更好地理解他人的情绪、态度和观点。反过来，为了更好地传情达意，获得更多的理解与支持，你也要善于运用肢体语言。肢体语言的正确使用，会助口头语言一臂之力，帮助对方理解你所表达的意思，让对方看出你期望的反应。例如，安全行为观察与沟通中，你若能热情洋溢地表达自己的观点，同时真诚地表扬、面带微笑、仔细倾听，与其目光接触，势必使你的沟通锦上添花，事半功倍。

2. 用心沟通——五通

沟通从“心”开始，沟通最忌讳的是一脸死相。用心沟通要做到“五通”：不仅要“耳通”，更要做到“口通（声调）”“手通（用肢体表达）”“眼通（目光接触）”“心通（用心体会）”。当我们用心去沟通时，自然就可以给对方心理上极大满足与温馨，这样你才能集中心力去解决问题或发挥影响力。

肢体语言的沟通渠道

肢体语言	行　为　含　义
手势	柔和的手势表示友好、商量，强硬的手势则意味着我是对的，你必须听我的
表情	微笑表示友善礼貌，皱眉表示怀疑和不满意
眼神	盯着看意味着不礼貌，但也可能表示感兴趣
姿态	双臂抱着表示防御，开会时独坐一隅意味着傲慢或不感兴趣
距离	太近有压迫感，太远会感觉不被重视
声音	演说时抑扬顿挫表明热情，突然停顿是为了造成悬念，吸引注意力
着装	得体的着装，表明对对方的一种尊重；正确的劳保着装，本身就是一种示范力

3. 学习用声音作为沟通的利器

一个人说话的声音、语调和他的面貌表情一样重要。最受欢迎的声音、语调是：带着微笑的脸说话，声音中带着笑意，声音中带着诚恳的感情。研究指出：透过电话沟通，你说话的声调、抑扬顿挫、共鸣感，决定了你说话可信度的48%。“放松、呼吸、发声、共鸣”是形成声音表情的四个因素。

4. 沟通时空间距离代表亲疏

无论哪一种社会交际，人与人之间都有一定的空间距离。这种空间距离不但界定了交往的形式，而且确定了交往的广度与深度。可以说，社交距离的远近，大致确定出相互间的亲疏程度。因此，人们在日常工作与生活中，要善于把握交际的空间尺度。

一般情况下，交际分为：情友交际、同事交际、业务交际和公共交际四种。这四种交际由于性质与形式不同，必须在一定的空间距离中展开。多数情况下这种空间距离是有规有序的，不能人为打破，否则交际就会出现障碍，甚至中断。

（1）密友空间（密友距离）。密友指的是情友，包括：夫妻、情人、至亲、好友。情友交际属于亲密型交际，其空间距离可在0.5米以内，必要时可缩短为零距离，以显示出亲昵感，有利于表达心声、交流情感、彼此爱抚。

（2）个人空间（个体距离）。交际者与同级之间、下级之间的交际，属于伙伴型交际。这种交际，其距离应保持在0.5~1.2米。

（3）商务空间（社会距离）。交际者因业务关系与相关人员进行的交往，如：业务接洽、产品推销、合作谈判等，属于合作型交际。这种交际，其距离比较灵活，1.2~2.1米，根据具体的交往程度与熟悉程度而定。

（4）公开演讲（公众距离）。一般情况下，公共交际距离多在3.6米以外；如果发生语言交往，也不应该低于2米。公共交际十分忌讳近距离接触，那样会让对方顿生疑窦，甚至会反目为仇。

所以进行行为安全观察与沟通时，谈话者之间最好保持在1~1.5米的距离。如现场空间有限可以适当侧身，并肩而站时的距离可以更近一些。

科学测试证明，当我们出现在别人面前的时候，7秒就形成了对你的第一印象。在沟通过程中，表情、眼神是影响对方对你有一个良好的印象、产生对你信任、愿意与你合作的一个非常重要的因素。这就需要在沟通之前，做好充分的准备，以便给对方留下很好的第一印象。

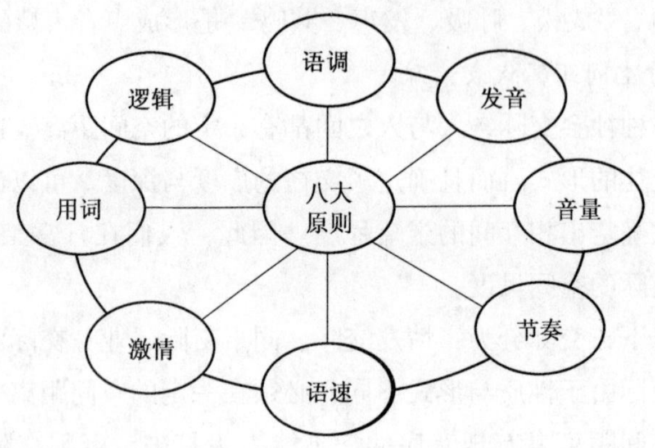

完美声音的八大原则

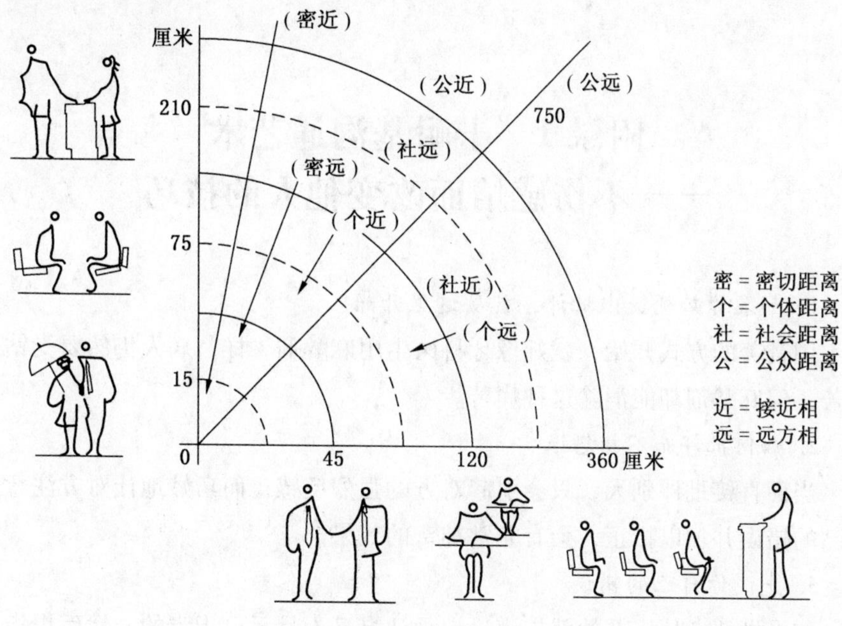

人际距离空间分类

伍 高效沟通技巧提升

附录1　卡耐基沟通艺术
——不伤感情而改变他人的技巧

1. 如果你必须提出批评，就从这里开始

用赞美的方式开始，就好像牙科医生用麻醉剂一样，病人仍然要受钻牙之苦，但麻醉剂却能消除这种痛苦。

2. 如何批评而不招怨恨

当面直接批评别人，只会引起对方的强烈反感；而巧妙地让对方注意到自己的错误并加以指正，会有非常神奇的效果。

3. 先谈你自己的错误

如果批评者从一开始就先谦逊地承认自己不是无可指责的，然后再指出别人的错误，那么情形就会好很多。

4. 没有人喜欢接受命令

不要动不动就给别人下达命令，也不要告诉对方如何去做，这样不但能维持对方的自尊，而且能使他乐于改正错误，积极合作。

5. 使对方保住面子

几分钟的思考、一两句体贴的话、对对方态度的宽容，对于减少这种伤害都大有帮助！世界上任何真正伟大的人，其伟大之处正在于绝不将时光浪费在对个人成就的自我欣赏中。

6. 如何鼓励别人走向成功

假如你我愿意鼓励每一个我们所接触的人，使他们认识到并挖掘自己所拥有的内在宝藏，那么，我们不仅可以改变他本人，甚至可以使他脱胎换骨。

7. 送人一顶高帽子

如果你希望某人具备一定美德，你可以认为并公开宣称他早就拥有这一美德了（尽管可能的确没有）。给他一个好名声，送他一顶高帽子，让他去实现，他便会尽量努力，而不愿看到你失望。

8. 使错误更容易改正

使对方知道你相信他有能力做好一件事，他在这件事上很有潜力可挖——那么他就会废寝忘食，努力把事情办得更好。

9. 使人乐意做你所建议的事

如果你想让别人乐意做你想要他去做的事，你就必须让他明白，他对你是多么的重要，而他自然也会在心中产生这种感觉，从而实现你的期望。

附录2　卡耐基沟通艺术——使人认同你的十二种方法

1. 不要非得赢得争论

（1）我们绝对不可以对任何人——无论其智力的高低——用口头的争斗改变他的思想。

（2）避免争辩，争辩是百分之九十的情绪，加上百分之十的无聊。你赢不了争论，要是你输了，你当然也输了；如果你赢了，可你还是输了。人的内心不会因为争论而有所改变。

2. 避免与人敌对

（1）照顾他人的面子，切勿说“你错了!”即使在最温和的情况下也不容易改变别人的主意，那为什么要使它变得更困难呢？承认自己或许弄错了，就可以避免争论；而且可以使对方和你一样宽宏大度，承认他可能出错。

3. 如果你错了，当即承认

（1）如果你是对的，就要试着温和而巧妙地让对方同意你；而如果你错了，就要迅速而勇敢地承认。这远比自我辩护更为有效。

（2）任何愚蠢的人都会尽力为自己的错误行为进行辩护。如果承认自己的错误，使自己出众，可以给人一种尊贵高尚的感觉。

（3）用争夺的方法，你永远得不到满足，但用让步的方法，你可以得到比你所期望的更多。

4. 通达明理的大路

“一滴蜂蜜比一加仑胆汁，能捕捉更多的苍蝇。”与人相处也同样如此，用一滴蜂蜜赢得人心，你就会使他走向通明达理的道路。

5. 让对方开口说“是”

（1）懂得说话技巧的人，会在开始就得到许多“是”的答复。

（2）让对方一开始就朝着肯定的方向做出反应，这对你的结果很重要。

（3）当你与别人交谈的时候，不要先讨论你不同意的事情，要先强调你所同意的事情。

6. 处理别人抱怨的灵丹妙药

如果你想结交仇人，就要表现得比你的朋友更加出色；如果你想结交朋友，就要让你的朋友表现得比你出色。

7. 学会如何得到他人的合作

没有人喜欢被强迫去做某件事情，如果你想得到别人的合作，就要征询他的愿望、需要及想法，使他觉得出于自愿。

8. 一个为你创造奇迹的公式

要试着用别人的观点来看问题，努力去了解别人，你就能创造生活的奇迹，获得友谊，减少冲突和挫折。

9. 要知道你周围每个人需要什么

人们普遍追求同情。在中和酸性的恶感方面，“同情”具有极大的化学功能。在明天将要遇见的人中，有四分之三都渴望得到同情。如果你能给他们同情，他们就会喜欢你。

10. 人人都喜欢的激励

我们每个人都是理想主义者，都喜欢为自己的行为找一个动听的理由。因此，如果你想改变别人的想法，就激发他高尚的动机。

11. 大家都这样做，你何不试试？

注意表达的方式方法。仅仅平铺直叙地讲述事实远远不够，必须使事实更加生动、更加有趣，并赋予戏剧性地表现出来，才能够有效地吸引人们的注意。

12. 别的办法都无效时，试试这个

（1）激发他人产生一种向上的精神——一种确实有效的方法！

（2）要做成事情的办法，是激起竞争。当然不是钩心斗角的竞争，而是相互取胜的欲望。

附录3 破窗理论

美国斯坦福大学心理学家詹巴斗进行过一项试验，他找了两辆一模一样的汽车，把其中的一辆摆在帕罗阿尔托的中产阶级社区，而另一辆停在相对杂乱的布朗克斯街区。停在布朗克斯的那一辆，他把车牌摘掉了，并且把顶棚打开。结果这辆车一天之内就给人偷走了，而放在帕罗阿尔托的那一辆，摆了一个星期也无人问津。后来，詹巴斗用锤子把那辆车的玻璃敲了个大洞。结果呢？仅仅过了几个小时，它就不见了。

以这项试验为基础，政治学家威尔逊和犯罪学家凯琳提出了一个“破窗理论”。理论认为：如果有人打坏了一个建筑物的窗户玻璃，而这扇窗户又得不到及时的维修，别人就可能受到某些暗示性的纵容去打烂更多的窗户玻璃。久而久之，这些破窗户就给人造成一种无序的感觉。结果在这种公众麻木不仁的氛围中，犯罪就会滋生、繁荣。

18 世纪的纽约以脏乱差闻名，环境恶劣，同时犯罪猖獗，地铁的情况尤为严重，是罪恶的延伸地，平均每 7 个逃票的人中就有一个通缉犯，每 20 个逃票的人中有一个携带武器者。1994 年，新任警察局长布拉顿开始治理纽约。他从地铁的车厢开始治理：车厢干净了，站台跟着也变干净了，站台干净了，阶梯也随之整洁了，随后街道也干净了，然后旁边的街道也干净了，后来整个社区干净了，最后整个纽约变了样，变整洁漂亮了。现在纽约是全美国治理最出色的都市之一，这件事也被称为“纽约引爆点”。

在日本，有一种称作“红牌作战”的质量管理活动，主要内容包括以下几个方面：清楚区分要与不要的东西，找出需要改善的事、地、物；将不要的东西贴上“红牌”；将需要改善的事、地、物以“红牌”标示；有油污、不清洁的设备贴上“红牌”；藏污纳垢的办公室死角贴上“红牌”；办公室、生产现场不该出现的东西贴上“红牌”；努力减少“红牌”的数量。在这样一种积极暗示下，久而久之，人人都遵守规则，认真工作。日本的实践证明，这种工作现场的整洁对于保障企业的产品质量起到了重要的作用。企业借助“红牌作战”的活动，可以让工作场所变得整齐清洁，工作环境变得舒适幽雅，企业成员都养成做事耐心细致的好习惯。企业安全、质量、成本、交货、士气等的水平就会全面提升。

破窗理论

破窗理论给我们的启示

◆开始：勿以恶小而为之。不要小看“小”，不要小看“细”。“千里之堤，溃于蚁穴。”重视并思考细节（作业前开展危险预知及手指口述活动）对整体的影响。

◆中途：亡羊补牢，犹未为晚。正所谓防微杜渐，及时修复被打碎的第一块玻璃（深入开展虚惊提案活动），将改变周围所有人的心理。

◆结尾：旁敲侧击。用破窗理论来解决问题，通过改善细节来改善整体。